Trudinger-Moser 嵌入的相关研究

袁安锋 著

科学技术文献出版社
SCIENTIFIC AND TECHNICAL DOCUMENTATION PRESS
·北京·

图书在版编目（CIP）数据

Trudinger-Moser嵌入的相关研究 / 袁安锋著. —北京：科学技术文献出版社，2017. 7（2019.1重印）

ISBN 978-7-5189-3175-0

Ⅰ. ①T… Ⅱ. ①袁… Ⅲ. ①偏微分方程—高等学校—教材 Ⅳ. ①O175.2

中国版本图书馆 CIP 数据核字（2017）第 188587 号

Trudinger-Moser嵌入的相关研究

策划编辑：李 蕊　　责任编辑：赵 斌　　责任校对：张吲哚　　责任出版：张志平

出 版 者　科学技术文献出版社
地　　址　北京市复兴路15号　邮编 100038
编 务 部　(010) 58882938，58882087（传真）
发 行 部　(010) 58882868，58882870（传真）
邮 购 部　(010) 58882873
官方网址　www.stdp.com.cn
发 行 者　科学技术文献出版社发行　全国各地新华书店经销
印 刷 者　北京虎彩文化传播有限公司
版　　次　2017 年 7 月第 1 版　2019 年 1 月第 3 次印刷
开　　本　710 × 1000　1/16
字　　数　75千
印　　张　6.5
书　　号　ISBN 978-7-5189-3175-0
定　　价　32.00元

内容简介

作为 Sobolev 嵌入定理的临界情形，Trudinger-Moser 嵌入在带有指数增长型非线性项的偏微分方程的解的存在性研究中起着重要的作用。本书介绍了 Trudinger-Moser 嵌入的一些最新研究进展，主要包含以下内容：加权的 Trudinger-Moser 嵌入问题，考虑最佳常数带有余项的奇异的 Trudinger-Moser 不等式；带 L^p 范数的 Trudinger-Moser 嵌入，考虑最佳常数带 L^p 范数的奇异的 Trudinger-Moser 不等式；利用 Blow-up 分析的方法研究一类带 L^p 范数的 Trudinger-Moser 嵌入的极值函数的存在性问题等。

本书可供从事泛函分析和偏微分方程及相关领域研究工作的科研人员参考，也可作为高等院校相关专业研究生和高年级本科生学习的参考资料。

前　言

Sobolev(索伯列夫)空间是由函数组成的赋范向量空间,主要用来研究偏微分方程理论。在研究偏微分方程中,人们往往需要运用泛函分析的相关知识,因此需要找到一个合适的空间。在 Sobolev 空间中,偏微分方程的解得到了某种意义下的“弱化”,这使得人们可以在更大的空间中求偏微分方程的解及解的正则性等性质。对于一个函数空间,人们自然会问一个问题,也就是这个函数空间与其他函数空间的关系。Sobolev 嵌入定理恰好能够描述 Sobolev 空间与其他函数空间的嵌入关系。

作为 Sobolev 嵌入定理的临界情形,Trudinger-Moser 嵌入在带有指数增长型非线性项的偏微分方程的解的存在性研究中起着重要的作用。该嵌入问题的研究主要包括两个方面:①最佳常数能否达到;②极值函数是否存在。目前上述两个方面已经有了很多重要的工作。例如,Adimurthi Druet 研究了有界光滑区域上最佳常数带有余项的 Trudinger-Moser 嵌入,Adimurthi Sandeep 考虑了有界光滑区域上奇异的 Trudinger-Moser 嵌入,Ruf 研究了二维欧氏空间中任意区域上的 Trudinger-Moser 嵌入,Fontana 考虑了黎曼流形上的 Trudinger-Moser 嵌入,Carleson Chang 证明了中单位球上极值函数是存在的。在国内,杨云雁教授等学者也在这方面做出了许多杰出的工作。受国内外同行的启发与鼓舞,我们在这方面也做了一些研究工作。

本书介绍近年来作者及其合作者关于 Trudinger-Moser 嵌入的一些研究成果,共分四章。第一章是引言,介绍了国内外在 Trudinger-Moser 嵌入问题上的一些研究进展;第二章给出加权的 Trudinger-Moser 嵌入的结果及其证明;第三章给出带 L^p 范数的 Trudinger-Moser 嵌入的结果及其证明;第四章给出了一类 Trudinger-Moser 嵌入的极值函数存在性问题的结果,利用 Blow-up 分析的方法研究了一类带 L^p 范数的 Trudinger-Moser 不等式的极值函数的存在性问题。

本书在编写过程中,得到中国人民大学杨云雁教授的指导和帮助,本书的出版得到北京联合大学基础课教学部于深主任的大力支持,在此表示深切的谢意!

由于作者水平有限,书中难免存在疏漏和不足之处,恳请各位专家和读者批评指正。

袁安锋

2017 年 6 月于北京联合大学

目　　录

第一章　引　言

本章分为 2 节。§1.1 主要介绍了 Trudinger-Moser 嵌入问题(Trudinger-Moser 不等式)的研究背景和进展,给出了经典的 Trudinger-Moser 嵌入结果(不等式)及改进的一些 Trudinger-Moser 嵌入结果,主要是沿着有界区域和无界区域两条主线来说明当前研究的进展。由于我们研究的内容只涉及欧氏空间中的有界区域,因此在叙述 Trudinger-Moser 嵌入的研究进展时,重点叙述有界区域上的结果。在本节最后简单提一下 Trudinger-Moser 嵌入结果在讨论方程解的存在性时的应用。§1.2 简单介绍了本书的组织结构。

§1.1　研究背景

本节结合当前研究的进展,主要介绍 Trudinger-Moser 嵌入问题(Trudinger-Moser 不等式)以及改进的 Trudinger-Moser 嵌入的内容,以及部分经典的证明方法。

1.1.1　Trudinger-Moser 嵌入

设 Ω 是 R^n 中的有界光滑区域,$W_0^{1,n}(\Omega)$ 是 $C_0^\infty(\Omega)$ 在范数 $\|u\|_{W_0^{1,n}(\Omega)} = \left(\int_\Omega |\nabla u|^n \mathrm{d}x\right)^{\frac{1}{n}}$ 下的完备空间。

著名的 Sobolev 嵌入定理[1-2]是指

$$W_0^{1,p}(\Omega)\alpha\begin{cases}L^q(\Omega),1\leqslant q\leqslant p^*=\dfrac{np}{n-p},p<n,\\ C^\alpha(\bar{\Omega}),0<\alpha\leqslant 1-\dfrac{n}{p},p>n。\end{cases}\qquad(1-1-1)$$

对于临界情形 $p=n$ 时，$W_0^{1,n}(\Omega)\alpha L^q(\Omega)$，$1\leqslant q<+\infty$。但是对于 $q=+\infty$，上述嵌入不成立，即 $W_0^{1,n}(\Omega)\alpha L^\infty(\Omega)$ 不成立。例如，$n=2$ 时，设 Ω 为中心在原点的单位球（本书将中心在原点的单位球简记为 B），考虑函数 $u(x)=\log(1-\log|x|)$，容易验证 $u\in W_0^{1,2}(\Omega)$，但是，$u\notin L^\infty(\Omega)$。

一个自然的问题是：能否找到最大增长函数 $g(t)$，使得对于 $u\in W_0^{1,n}(\Omega)$，满足 $\int_\Omega g(u)\,\mathrm{d}x<+\infty$。

V. Yudovich[3]、S. Pohozaev[4]、J. Peetre[5] 及 N. Trudinger[6] 证明了最大增长函数具有指数类型。也就是说，对于任何增长速度快于指数型的函数 $g(t)$ 来说，我们总可以找到函数列 $u\in W_0^{1,n}(\Omega)$，使得上述积分为无穷。其结果如下。对于任意的 $u\in W_0^{1,n}(\Omega)$，一定存在常数 $\gamma>0$，使得

$$\sup_{u\in W_0^{1,n}(\Omega),\,\|\nabla u\|_n=1}\int_\Omega \mathrm{e}^{\gamma|u|^{\frac{n}{n-1}}}\mathrm{d}x<+\infty,\qquad(1-1-2)$$

式中：$|\ |$ 表示标准的 L^n 范数。

针对式(1-1-2)，人们自然会提出下面的问题：

①最佳常数 γ 等于多少？

②上确界能否达到（即极值函数是否存在）？

对于第一个问题，J. Moser[7] 运用径向重排理论，找到了最佳常数。设 ω_{n-1} 是 R^n 中单位球面的面积，对于常数 $\alpha_n=n\omega_{n-1}^{\frac{1}{n-1}}$，有

$$\sup_{u\in W_0^{1,n}(\Omega),\,\|\nabla u\|_n=1}\int_\Omega \mathrm{e}^{\gamma|u|^{\frac{n}{n-1}}}\mathrm{d}x\begin{cases}<+\infty,\gamma\leqslant\alpha_n,\\ =+\infty,\gamma>\alpha_n。\end{cases}\qquad(1-1-3)$$

不等式(1-1-3)被称为 Trudinger-Moser 不等式。这里我们先简单回顾一下 J. Moser 证明式(1-1-3)所使用的对称化(Symmetrization)的

方法。记 B_R 为中心在原点、半径为 R 的球，对任意的 $u\in W_0^{1,n}(\Omega)$，其与一个径向对称函数 $u^*\in W_0^{1,n}(B_R)$ 对应，使得

$$|\{x\in\mathbf{R}^n: u^*(x)<d\}|=|\{x\in\Omega: u(x)<d\}|,$$

式中：$|\ |$ 表示集合的 Lebesgue 测度。于是，u^* 就是一个定义在 B_R 上的正的单减函数，且 $|B_R|=|\Omega|$。由函数的构造，函数 $u(x)$ 重排后满足[8-9]：

①对任意的 $f\in C(\mathbf{R})$，有

$$\int_{B_R} f(u^*)\,\mathrm{d}x=\int_{\Omega} f(u)\,\mathrm{d}x; \tag{1-1-4}$$

②对任意的 $u\in W_0^{1,n}(\Omega)$，有

$$\int_{B_R} |\nabla u^*|^n\,\mathrm{d}x\leqslant\int_{\Omega} |\nabla u|^n\,\mathrm{d}x。 \tag{1-1-5}$$

根据式(1-1-4)和式(1-1-5)，我们有

$$\sup_{u\in W_0^{1,n}(\Omega),\|\nabla u\|_n=1}\int_{\Omega} \mathrm{e}^{\gamma|u|^{\frac{n}{n-1}}}\mathrm{d}x\leqslant\sup_{u\in W_0^{1,n}(B_R),\|\nabla u^*\|_n=1}\int_{B_R} \mathrm{e}^{\gamma|u^*|^{\frac{n}{n-1}}}\mathrm{d}x。$$

所以，为证明 $\gamma\leqslant\alpha_n$ 的情形，只要考虑径向对称情形就可以了。接下来，做变量替换：

$$r=|x|=R\mathrm{e}^{-\frac{t}{n}},\ \omega(t)=n^{\frac{n-1}{n}}\omega_{n-1}^{\frac{1}{n}}u^*(r),$$

则

$$\int_{B_R}|\nabla u^*|^n\mathrm{d}x=\int_0^{\infty}|\omega'(t)|^n\mathrm{d}t,$$

$$\int_{B_R}\mathrm{e}^{\gamma|u^*|^{\frac{n}{n-1}}}\mathrm{d}x=|B_R|\int_0^{\infty}\mathrm{e}^{\frac{\gamma}{\alpha_n}|\omega(t)|^{\frac{n}{n-1}}-t}\mathrm{d}t。$$

这样，Moser 考虑了

$$\sup_{\int_0^{\infty}|\omega'(t)|^n\mathrm{d}t\leqslant 1}|B_R|\int_0^{\infty}\mathrm{e}^{\frac{\gamma}{\alpha_n}|\omega(t)|^{\frac{n}{n-1}}-t}\mathrm{d}t。$$

当 $\gamma<\alpha_n$ 时，由假设 $\omega\in C^1$，有

$$\omega(t)=\int_0^t\omega'(s)\,\mathrm{d}s\leqslant t^{\frac{n-1}{n}}\left(\int_0^t|\omega'(t)|^n\mathrm{d}t\right)^{\frac{1}{n}}\leqslant t^{\frac{n-1}{n}}。$$

当 $\gamma > \alpha_n$ 时，Moser 构造了一列测试函数

$$\omega_k(t) = \begin{cases} \dfrac{t}{k^{\frac{1}{n}}}, 0 \leqslant t \leqslant k, \\ k^{\frac{n-1}{n}}, t > k。\end{cases}$$

计算可得

$$\int_0^\infty |\omega_k'(t)|^n \mathrm{d}t = 1,$$

且

$$\int_0^\infty \mathrm{e}^{\frac{\gamma}{\alpha_n}|\omega_k(t)|^{\frac{n}{n-1}} - t} \mathrm{d}t \geqslant \int_k^\infty \mathrm{e}^{\frac{\gamma}{\alpha_n}k - t} \mathrm{d}t = \mathrm{e}^{(\frac{\gamma}{\alpha_n} - 1)k} \to \infty。$$

当 $\gamma = \alpha_n$ 时，详细证明参考 J. Moser[7]。

对于第二个问题，L. Carleson 和 A. Chang[10] 在单位球 B 上获得了 ($n \geqslant 2$) 时的结果：当 $\Omega \subset \mathrm{R}^n$ 是中心在原点的单位球 B 时，

$$\sup_{u \in W_0^{1,n}(\Omega), \|\nabla u\|_n = 1} \int_\Omega \mathrm{e}^{\alpha_n |u|^{\frac{n}{n-1}}} \mathrm{d}x, \qquad (1-1-6)$$

可以达到，也就是极值函数存在。其证明用到了对称化方法和反证法，思路如下。($n = 2$)：由对称化思想，L. Carleson 和 A. Chang 只考虑了径向对称函数，假设上确界不能达到，他们证得任意极大化序列一定收敛到原点，对于任意极大化序列有

$$\lim_{k \to \infty} \int_{\mathrm{B}} \mathrm{e}^{4\pi u_k^2} \mathrm{d}x = (1 + e) |\mathrm{B}|,$$

然后构造了一列函数，使得上述积分比 $(1 + \mathrm{e})|\mathrm{B}|$ 要大，从而得到矛盾。此后，L. Carleson 和 A. Chang 的结果得到了进一步的研究和推广：M. Struwe[11] 证得在测度意义下如果 Ω 与单位球 B 很接近时，式(1-1-3)的极值函数仍然存在；M. Flucher[12] 将区域推广到了 Ω 为 R^2 中的任意有界区域；K. Lin[13] 将区域推广到了 R^n 中的任意有界区域；P. Cherrier[14]、L. Fontana[15]、Y. Li[16-18] 等还在流形上进行了研究。

Trudinger-Moser 嵌入(Trudinger-Mose 不等式)在带有指数增长型非

线性项的偏微分方程的解的存在性研究时具有重要的作用，如下面的二阶偏微分方程：

$$\begin{cases} -\Delta u = \lambda u e^{u^2}, \text{在 } \Omega \text{ 内}, \\ u = 0, \text{在} \partial\Omega \text{ 上}, \\ \lambda = \left(\int_\Omega u^2 e^{u^2} dx \right)^{-1}。 \end{cases} \quad (1-1-7)$$

由式(1－1－3)上确界可以达到，就可证明上面方程存在正解。

1.1.2　改进的 Trudinger-Moser 嵌入

关于 Trudinger-Moser 嵌入，还有很多比较经典的研究和改进。我们把这些改进的 Trudinger-Moser 不等式也归为 Trudinger-Moser 不等式。

P. Lions[19] 对式(1－1－3)做了进一步的推广。设 Ω 是 R^n 中的有界光滑区域，$u_\varepsilon \in W_0^{1,n}(\Omega)$，$u_\varepsilon \to u_0$（在 $W_0^{1,n}(\Omega)$ 中 u_ε 弱收敛于 u_0），$\| \nabla u_\varepsilon \|_n = 1$。对任意的 $q < \frac{1}{(1 - \| \nabla u_0 \|_n^n)^{\frac{1}{n-1}}}$，下式成立：

$$\limsup_{\varepsilon \to 0} \int_\Omega e^{\alpha_n q |u_\varepsilon|^{\frac{n}{n-1}}} dx < +\infty。 \quad (1-1-8)$$

显然，当 $u_\varepsilon \to u_0$（弱收敛）且 $u_0 \neq 0$ 时，由式(1－1－8)可以得到式(1－1－3)；但是当 $u_0 = 0$ 时，式(1－1－8)要弱于式(1－1－3)。

对于 $u_0 = 0$ 的情形，在 P. Lions[19] 和 J. Moser[7] 的基础上，Adimurthi 和 O. Druet[20] 研究了最佳常数带有余项的 Trudinger-Moser 嵌入，给出了下面结果。设 Ω 是 R^2 中的有界光滑区域，$\lambda_1(\Omega)$ 是拉普拉斯（Laplace）算子在狄利克雷（Dirichlet）边值条件下的第一特征值，对于任意的 α，当 $0 \leqslant \alpha < \lambda_1(\Omega)$ 时，

$$\sup_{u \in W_0^{1,2}(\Omega),\, \| \nabla u \|_2 \leqslant 1} \int_\Omega e^{4\pi u^2 (1 + \alpha \| u \|_2^2)} dx < +\infty; \quad (1-1-9)$$

而当 $\alpha > \lambda_1(\Omega)$ 时，式(1－1－9)中的上确界等于无穷。Y. Yang[21] 考虑了 $n \geqslant 3$ 的情形。设 Ω 是 R^n 中的有界光滑区域，对任意的 α，当 $0 \leqslant \alpha <$

$\lambda_1(\Omega)=\inf\limits_{\|u\|_n=1}\|\nabla u\|_n^n$ 时，

$$\sup_{u\in W_0^{1,n}(\Omega),\|\nabla u\|_n\leqslant 1}\int_\Omega e^{\alpha_n|u|^{\frac{n}{n-1}}(1+\alpha\|u\|_n^n)^{\frac{1}{n-1}}}dx<+\infty;\quad(1-1-10)$$

且当 $\alpha>\lambda_1(\Omega)$ 时，式(1－1－10)中的上确界等于无穷。同时，当 $0\leqslant\alpha<\lambda_1(\Omega)$ 时，式(1－1－10)中的上确界可以达到。显然结果式(1－1－9)和式(1－1－10)要比式(1－1－8)和式(1－1－3)强。此后，Y. Yang[21] 将该结果推广到了黎曼流形上的情形，de Souza 和 do O[22-23] 将该结果推广到了任意的 R^n 上。

G. Lu 和 Y. Yang[24] 把式(1－1－9)中的 L^2 范数换为任意的 L^p 范数($p>1$)，证明其结论也是成立的。即设 Ω 是 R^2 中的有界光滑区域，$p>1$，令

$$\lambda_p(\Omega)=\inf_{u\in W_0^{1,2}(\Omega),u\neq 0}\frac{\int_\Omega|\nabla u|^2dx}{\left(\int_\Omega|u|^pdx\right)^{2/p}},\quad(1-1-11)$$

当 $0\leqslant\alpha<\lambda_p(\Omega)$，下式成立：

$$\sup_{u\in W_0^{1,2}(\Omega),\|\nabla u\|_2\leqslant 1}\int_\Omega e^{4\pi u^2(1+\alpha\|u\|_p^2)}dx<+\infty;\quad(1-1-12)$$

当 $\alpha\geqslant\lambda_p(\Omega)$ 时，式(1－1－12)中的上确界等于无穷。当 α 足够小时，式(1－1－12)中的极值函数也是存在的。J. Zhu[25] 将式(1－1－11)推广到任意 n 维欧氏空间中的有界区域上。设 Ω 是 R^n 中的有界光滑区域，$p>1$，令

$$\bar{\lambda}(\Omega)=\inf_{u\in W_0^{1,n}(\Omega),u\neq 0}\frac{\int_\Omega|\nabla u|^ndx}{\left(\int_\Omega|u|^pdx\right)^{n/p}},$$

当 $0\leqslant\alpha<\bar{\lambda}(\Omega)$，有

$$\sup_{u\in W_0^{1,n}(\Omega),\|\nabla u\|_n\leqslant 1}\int_\Omega e^{\alpha_n|u|^{\frac{n}{n-1}}(1+\alpha\|u\|_p^n)^{\frac{1}{n-1}}}dx<+\infty;\quad(1-1-13)$$

当 $\alpha\geqslant\bar{\lambda}(\Omega)$ 时，式(1－1－13)中的上确界等于无穷。当 $0\leqslant\alpha<\bar{\lambda}(\Omega)$

时，式(1－1－13)中的极值函数也是存在的。

G. Wang 和 D. Ye[26]还考虑了下面情形：设 $B\subset R^2$ 是中心在原点的单位球，则下式成立：

$$\sup_{u\in W_0^{1,2}(B),\int_B\left(|\nabla u|^2-\frac{u^2}{(1-|x|^2)^2}\right)dx\leqslant 1}\int_B e^{4\pi u^2}dx<+\infty。\quad(1-1-14)$$

C. Tintarev[27]证明了：设 Ω 是 R^2 中的有界光滑区域，对某一函数类 $V(x)$，有

$$\sup_{u\in C_0^{\infty}(\Omega),\int_\Omega(|\nabla u|^2-V(x)u^2)dx\leqslant 1}\int_\Omega e^{4\pi u^2}dx<+\infty。\quad(1-1-15)$$

显然，当 $V(x)=\dfrac{1}{(1-|x|^2)^2}$ 时，式(1－1－15)就是式(1－1－14)；式(1－1－14)极值函数的存在性已由 Y. Yang 和 X. Zhu[28]用 Blow-up 的方法证得。当 $V(x)=\alpha$ 时，式(1－1－15)就是 Y. Yang[29]定理 1 用 Blow-up 方法证明了的结果，极值函数的存在性也由 Y. Yang[29]同时证得。Y. Yang[29]的结果如下。设 Ω 是 R^2 中的有界光滑区域，$\lambda_1(\Omega)$是 Laplace 算子在 Dirichlet 边值条件下的第一特征值。若 $0\leqslant\alpha<\lambda_1(\Omega)$，则

$$\sup_{u\in W_0^{1,2}(\Omega),\int_\Omega(|\nabla u|^2-\alpha u^2)dx\leqslant 1}\int_\Omega e^{4\pi u^2}dx,\quad(1-1-16)$$

可以被某些函数 u_0 所达到，其中，$u_0\in W_0^{1,2}(\Omega)\cap C^1(\bar{\Omega})$，且

$$\int_\Omega|\nabla u_0|^2dx-\alpha\int_\Omega u_0^2dx=1。$$

可以证明，当 $0\leqslant\alpha<\lambda_1(\Omega)$时，式(1－1－16)的结果强于式(1－1－9)的结果。

下面我们再介绍一种有代表性的结果。Adimurthi 和 K. Sandeep[30]研究了奇异的 Trudinger-Moser 嵌入，其结果如下。设 Ω 是 R^n 中的有界光滑区域，$0\leqslant\beta<n$，$\alpha_n=n\omega_{n-1}^{\frac{1}{n-1}}$（$\omega_{n-1}$表示 R^n 中单位球面的面积），γ 满足 $\dfrac{\gamma}{\alpha_n}+\dfrac{\beta}{n}=1$，则

$$\sup_{u\in W_0^{1,n}(\Omega),\ \|\nabla u\|_n\leqslant 1}\int_\Omega \frac{e^{\gamma|u|^{\frac{n}{n-1}}}}{|x|^\beta}dx<+\infty; \qquad (1-1-17)$$

若 $\gamma\geqslant\alpha_n\left(1-\frac{\beta}{n}\right)$，式(1－1－17)中的上确界等于无穷。显然，当 $\beta=0$ 时，式(1－1－17)就是式(1－1－3)。$n=2$ 时，式(1－1－17)极值函数的存在性由 G. Csato 和 P. Roy[31]、S. Iula 和 G. Mancini[32]、Y. Yang 和 X. Zhu[33] 证得。

此外，R. Adams[34] 推导了有界区域上带有高阶导数的 Trudinger-Moser 不等式，其考虑空间 $W_0^{k,\frac{n}{k}}(\Omega)$，$\frac{n}{k}>1$，定义了空间 $W_0^{k,\frac{n}{k}}(\Omega)$ 的等价范数：

$$\|\nabla^k u\|_{L^{\frac{n}{k}}}=\|\Delta^{\frac{k}{2}}u\|_{L^{\frac{n}{k}}},k\text{ 为偶数时；}$$

$$\|\nabla^k u\|_{L^{\frac{n}{k}}}=\|\nabla\Delta^{\frac{k-1}{2}}u\|_{L^{\frac{n}{k}}},k\text{ 为奇数时。}$$

证得了相应的结果。

Trudinger-Moser 不等式(1－1－3)只对于 R^n 中的有界区域成立，而对于无界区域并不成立。对于无界区域上的研究，由 D. Cao[35]($n=2$)，J. do O[36]($n>2$)及 S. Adachi 和 K. Tanaka[37] 研究，他们均考虑了在 $\gamma<\alpha_n$ 时的次增长情形，对应的范数是 Dirichlet 范数 $\|u\|_{W_0^{1,2}(\Omega)}=\left(\int_\Omega|\nabla u|^2dx\right)^{\frac{1}{2}}$。此后，B. Ruf[38] 用标准的 Sobolev 范数 $\|u\|_{W^{1,2}(\Omega)}=\left(\int_\Omega(|\nabla u|^2+u^2)dx\right)^{\frac{1}{2}}$ 来代替式(1－1－3)中的 Dirichlet 范数 $\|u\|_{W_0^{1,2}(\Omega)}=\left(\int_\Omega|\nabla u|^2dx\right)^{\frac{1}{2}}$，考虑了 R^2 中的任意区域，获得了下面重要的结果。设 Ω 为 R^2 中的任意区域，令

$$\|u\|_{W^{1,2}(\Omega)}=\left(\int_\Omega(|\nabla u|^2+u^2)dx\right)^{\frac{1}{2}},$$

则存在常数 C(与区域 Ω 无关)，满足

$$\sup_{u\in W_0^{1,2}(\Omega),\ \|u\|_{W^{1,2}(\Omega)}\leqslant 1}\int_\Omega (e^{4\pi u^2}-1)\,dx < C。\qquad (1-1-18)$$

而且对于 $e^{\alpha u^2}$,4π 为最佳常数,式(1－1－18)中的上确界可以达到。其证明思路是:考虑 $\Omega = R^2$,由径向重排理论,B. Ruf 考虑函数 u 是径向非增函数。考虑将积分分为两部分

$$\int_{R^2}(e^{4\pi u^2}-1)\,dx = \int_{|x|<r_0}(e^{4\pi u^2}-1)\,dx + \int_{|x|\geqslant r_0}(e^{4\pi u^2}-1)\,dx,$$

对于第二个积分,将其写为级数形式:

$$\int_{|x|\geqslant r_0}(e^{4\pi u^2}-1)\,dx = \sum_{k=1}^{n}\int_{|x|\geqslant r_0}\frac{(4\pi)^k\,|u|^{2k}}{k!}\,dx,$$

证明对于足够大的 r_0,有

$$\int_{|x|\geqslant r_0}(e^{4\pi u^2}-1)\,dx \leqslant c(r_0)。$$

对于第一个积分,利用 Trudinger-Moser 不等式(1－1－3)给出了有界证明。此后,Y. Li 和 B. Ruf[39]将式(1－1－18)推广到 $R^n(n>2)$ 中的任意区域。设 Ω 为 $R^n(n>2)$ 中的任意区域,令

$$\|u\|_{W^{1,n}(\Omega)} = \left(\int_\Omega (|\nabla u|^n + |u|^n)\,dx\right)^{\frac{1}{n}},$$

则存在与区域 Ω 无关的常数 C,满足

$$\sup_{u\in W_0^{1,n}(\Omega),\ \|u\|_{W^{1,n}(\Omega)}\leqslant 1}\int_\Omega (e^{\alpha_n |u|^{\frac{n}{n-1}}}-1)\,dx < C。\qquad (1-1-19)$$

而且当 $\Omega = R^n$ 时,式(1－1－19)存在极值函数。证明式(1－1－19)极值函数的存在性时,Y. Li 和 B. Ruf 用了 Blow-up 分析的方法。

Adimurthi 和 Y. Yang[40]在 R^n 上研究了任意区域上奇异的 Trudinger-Moser 嵌入,即对任意的 $\tau>0$,定义 $\|u\|_{1,\tau} = \left(\int_{R^n}(|\nabla u|^n + \tau\,|u|^n)\,dx\right)^{\frac{1}{n}}$,则有

$$\sup_{\|u\|_{1,\tau}\leqslant 1}\int_{R^n}\frac{1}{|x|^\beta}\left(e^{\gamma |u|^{\frac{n}{n-1}}} - \sum_{m=0}^{n-2}\frac{\gamma^m\,|u|^{\frac{mn}{n-1}}}{m!}\right)dx < +\infty,$$

当且仅当$\frac{\gamma}{\alpha_n}+\frac{\beta}{n}\leqslant 1$。X. Li[41]在 $R^n(n\geqslant 2)$上研究了一类 Trudinger-Moser 型嵌入的极值函数的存在性,即对任意的$0<\gamma<\alpha_n$及$\beta>0$,上确界

$$\sup_{u\in W_0^{1,n}(R^n),\ \|u\|_{W^{1,n}(R^n)}\leqslant 1}\int_{R^n}|u|^{\beta}\left(e^{\gamma|u|^{\frac{n}{n-1}}}-\sum_{m=0}^{n-2}\frac{\gamma^m\ |u|^{\frac{mn}{n-1}}}{m!}\right)dx,\tag{1-1-20}$$

可以被某些函数$u\in W^{1,n}(R^n)$所达到,u满足$\|u\|_{W^{1,n}(R^n)}=1$。其中,$\alpha_n=n\omega_{n-1}^{\frac{1}{n-1}}$,$\omega_{n-1}$是$R^n$中单位球面的面积$\|u\|_{W^{1,n}(R^n)}=\left(\int_{R^n}(|\nabla u|^n+|u|^n)dx\right)^{\frac{1}{n}}$。而且,当$\alpha>\alpha_n$时,式(1-1-20)中的上确界等于无穷。

关于 Trudinger-Moser 嵌入的研究,除了上面介绍的研究成果,还有很多有趣的结果。例如,研究的函数空间为其他函数空间,如 Orlicz 空间、Zygmund 空间、Lorentz 空间、Besov 空间等,读者可以参考文献[22-23,42-53]。

1.1.3 Trudinger-Moser 嵌入在偏微分方程中的应用

Trudinger-Moser 嵌入在带有指数增长型非线性项的偏微分方程的解的存在性的研究中具有重要的作用,前面已经提过 Trudinger-Moser 嵌入可以用来研究式(1-1-7),下面我们再简单介绍一些其他应用。

代替式(1-1-7),我们考虑相关的方程$\Omega\subset R^n$是有界光滑区域:

$$\begin{cases}-\Delta u=\lambda u e^{u^2},\text{在 }\Omega\text{ 内},\\ u=0,\text{在}\partial\Omega\text{ 上}。\end{cases}\tag{1-1-21}$$

式中:λ是一个自由参数,以及更一般的形式:

$$\begin{cases}-\Delta u=f(u),\text{在 }\Omega\text{ 内},\\ u=0,\text{在}\partial\Omega\text{ 上}。\end{cases}\tag{1-1-22}$$

式(1-1-21)解的存在性由 Adimurthi[54]证得,式(1-1-22)解的存在

性由 D. de Figueiredo 等[55]证得。显然 D. de Figueiredo 等[55]的结果推广了 Adimurthi[54]的结果。在叙述他们的结果之前，我们先介绍临界 Trudinger-Moser 增长(Critical Trudinger-Moser Growth)的概念。给定 α_0，如果

$$\lim_{|t|\to\infty}\sup\frac{f(t)}{\mathrm{e}^{\alpha t^2}}=0,\ \forall\,\alpha>\alpha_0,$$

$$\lim_{|t|\to\infty}\inf\frac{f(t)}{\mathrm{e}^{\alpha t^2}}=+\infty,\ \forall\,\alpha<\alpha_0,$$

我们就称函数 $f\in C(\mathrm{R})$ 具有临界 Trudinger-Moser 增长 α_0；如果

$$\lim_{|t|\to\infty}\frac{f(t)}{\mathrm{e}^{\alpha t^2}}=0,\ \forall\,\alpha>0,$$

我们称 $f\in C(\mathrm{R})$ 具有次临界 Trudinger-Moser 增长。结果[55]如下。设 $f\in C(\mathrm{R})$ 且 $f(s)=h(s)\mathrm{e}^{\alpha_0 s^2}$，其中，$h(s)$ 具有次临界 Trudinger-Moser 增长，设 $f(0)=0$，对接近于 0 的 s 有 $f(s)=\lambda(s)+o(s)$，$\lambda\in[0,\lambda_1]$，且

① $0\leqslant F(s):=\int_0^s f(t)\,\mathrm{d}t\leqslant Mf(s)$，$\forall\,s\in\mathrm{R}$，$|s|\geqslant s_0$；

② $0\leqslant F(s)\leqslant\frac{1}{2}f(s)s$，$\forall\,s\in\mathrm{R}\setminus\{0\}$。

则式(1－1－21)有非平凡解，只要

$$\lim_{|t|\to\infty}\inf h(s)s>\frac{2}{d^2\alpha_0},$$

式中：d 是包含在 Ω 内的最大球的半径，R^n $(n\geqslant2)$ 上一般情形由 J. do O[56]推广。

关于奇异的 Trudinger-Moser 嵌入应用，Adimurthi 和 K. Sandeep[30]考虑了下面方程的问题。设 $\Omega\subset\mathrm{R}^n$ $(n\geqslant2)$ 是包含原点的有界光滑区域，$0\leqslant\beta<n$ 时，

$$\begin{cases} -\Delta_n u = -\mathrm{div}(|\nabla u|^{n-2}\nabla u) = |x|^{-\beta} f(u) u^{n-2}, \text{在 } \Omega \text{ 内}, \\ u \geqslant 0, \text{在 } \Omega \text{ 上}, \\ u \in W_0^{1,n}(\Omega)。 \end{cases} \tag{1-1-23}$$

式中：$f(u) = h(u) e^{b|u|^{\frac{n}{n-1}}}(b > 0)$是具有临界增长[57]的函数。当

$$f'(0) < \lambda_1(\Omega) = \inf_{u \in W_0^{1,n}(\Omega), u \neq 0} \frac{\int_\Omega |\nabla u|^n \mathrm{d}x}{\int_\Omega |x|^{-\beta} |u|^n \mathrm{d}x},$$

$$\limsup_{|t| \to \infty} h(t) t^{n-1} = \infty,$$

式(1-1-23)具有非平凡解。

关于应用方面的研究还有很多结果，感兴趣的读者可以查看文献[36,40,57-60]。

§1.2 本书的组织结构

本书的组织结构如下：

第二章给出加权的 Trudinger-Moser 嵌入的结果及其证明。设 $B \subset \mathrm{R}^n (n \geqslant 2)$是中心在原点的单位球，我们研究了加权的最佳常数带有余项的奇异的 Trudinger-Moser 不等式，以定理 1 的形式给出，采用的方法主要有函数重排、Hardy-Littlewood 不等式、变量替换、构造测试函数等。全章分为 4 节：§2.1 主要介绍了定理 1 的思路和结果；§2.2 证明了 2 个关于特征值的引理；§2.3 是定理证明的主体部分；§2.4 是定理内容的扩展。

第三章给出带有 L^p 范数的 Trudinger-Moser 嵌入的结果及其证明。设 $B_R \subset \mathrm{R}^2$ 是半径为 R、中心在原点的球，我们研究了最佳常数带有 L^p 范数的奇异的 Trudinger-Moser 不等式。以定理 2 的形式给出，研究方法类

似于定理 1,具体计算有所不同。全章分为 3 节:§3.1 主要介绍了定理 2 的思路和结果;§3.2 给出了特征值的性质;§3.3 是定理证明的主体部分。

第四章给出了一类 Trudinger-Moser 嵌入的极值函数存在性问题的结果。设 $\Omega \subset \mathrm{R}^2$ 是有界光滑区域,我们利用 Blow-up 分析的方法[16,20,61-62]研究了一类带有 L^p 范数的 Trudinger-Moser 不等式的极值函数的存在性问题。在 §4.1 中以定理 3 的形式给出,同时给出了定理 3 证明的思路。证明过程分为 4 步,分别对应 §4.2 至 §4.5。

第二章　加权的 Trudinger-Moser 嵌入

本章研究了一类加权的 Trudinger-Moser 嵌入,以定理 1 的形式给出。本章分为 4 节,§2.1 是定理部分,同时给出我们的思路。§2.2 是引理部分,为证明定理 1,给出了 2 个引理。§2.3 是定理 1 证明的主体部分。在定理和引理的证明中,我们主要参考 Adimurthi 和 K. Sandeep[30] 的方法,用到对称理论和变量替换等方法。对于定理 1 的第二部分,我们利用 Y. Yang[21] 的方法,构造测试函数,进行了证明。§2.4 是定理内容的扩展。

§2.1　加权的 Trudinger-Moser 嵌入的结果

2007 年,Adimurthi 和 K. Sandeep[30] 研究了奇异的 Trudinger-Moser 嵌入问题,其研究内容如下。

设 Ω 是 R^n 中的有界光滑区域,$0\leqslant\beta<n$,$\alpha_n=n\omega_{n-1}^{\frac{1}{n-1}}$($\omega_{n-1}$表示 R^n 中单位球面的面积),γ 满足$\dfrac{\gamma}{\alpha_n}+\dfrac{\beta}{n}=1$,则

$$\sup_{u\in W_0^{1,n}(\Omega),\ \|\nabla u\|_n\leqslant 1}\int_\Omega \frac{\mathrm{e}^{\gamma|u|^{\frac{n}{n-1}}}}{|x|^\beta}\mathrm{d}x<+\infty; \qquad (2-1-1)$$

若 $\gamma\geqslant\alpha_n\left(1-\dfrac{\beta}{n}\right)$,式(2-1-1)中的上确界等于无穷。

2006 年,Y. Yang[21] 考虑了下面情形。设 Ω 是 R^n 中的有界光滑区

域，对任意的 α，当 $0\leqslant\alpha<\lambda_1(\Omega)=\inf\limits_{\|u\|_n=1}\|\nabla u\|_n^n$ 时，

$$\sup_{u\in W_0^{1,n}(\Omega),\|\nabla u\|_n\leqslant 1}\int_\Omega e^{\gamma|u|^{\frac{n}{n-1}}(1+\alpha\|u\|_n^n)^{\frac{1}{n-1}}}dx<+\infty,\quad(2-1-2)$$

且当 $\alpha>\lambda_1(\Omega)$ 时，式(2-1-2)中的上确界等于无穷。

本章，我们考虑 Adimurthi 和 K. Sandeep[30] 和 Y. Yang[21] 的情形。假设 $B\subset R^n$ 是中心在原点的单位球，对任意的 $\beta(0\leqslant\beta<n)$，定义

$$\lambda_\beta(B)=\inf_{u\in W_0^{1,n}(B),u\neq 0}\frac{\int_B|\nabla u|^n dx}{\int_B|x|^{-\beta}|u|^n dx}。\quad(2-1-3)$$

后面我们将证明 $\lambda_\beta(B)>0$，并且有下面的定理。

定理 1　设 $B\subset R^n(n\geqslant 2)$ 是中心在原点的单位球，$\lambda_\beta(B)$ 由式(2-1-3)定义，固定 $\beta(0\leqslant\beta<n)$，$\alpha_n=n\omega_{n-1}^{\frac{1}{n-1}}$（$\omega_{n-1}$ 表示 R^n 中单位球面的面积），且满足 $\frac{\gamma}{\alpha_n}+\frac{\beta}{n}=1$，则有

①对任意的 α，当 $0\leqslant\alpha<\lambda_\beta(B)$ 时，

$$\sup_{u\in W_0^{1,n}(B),\|\nabla u\|_n\leqslant 1}\int_B|x|^{-\beta}e^{\gamma|u|^{\frac{n}{n-1}}\left(1+\alpha\int_B|x|^{-\beta}|u|^n dx\right)^{\frac{1}{n-1}}}dx<+\infty;\quad(2-1-4)$$

②对任意的 α，当 $\alpha\geqslant\lambda_\beta(B)$ 时，

$$\sup_{u\in W_0^{1,n}(B),\|\nabla u\|_n\leqslant 1}\int_B|x|^{-\beta}e^{\gamma|u|^{\frac{n}{n-1}}\left(1+\alpha\int_B|x|^{-\beta}|u|^n dx\right)^{\frac{1}{n-1}}}dx=+\infty。$$

若 $\alpha=0$，则定理 1 是 Adimurthi 和 K. Sandeep[30] 结论的一种特殊情形；当 $\beta=0$，则定理 1 是 Y. Yang[21] 结论的一种特殊情形。

§2.2　关于特征值的几个引理

为证明定理 1，我们先证明下面 2 个引理。证明中主要用到了重排

理论、Hardy-Littlewood 不等式及变量替换等方法。

引理 2.1 对于任意的$\beta(0\leqslant\beta<n)$，且$\lambda_\beta(B)$由式(2-1-3)定义，我们有$\lambda_\beta(B)>0$。而且，$\lambda_\beta(B)$可以被某些非负径向对称函数$u_0\in W_0^{1,n}(B)$所达得，其中u_0满足$\int_B |x|^{-\beta}|u|^n dx=1$和

$$-\Delta_n u_0=\lambda_\beta |x|^{-\beta}u_0^{n-1}。\tag{2-2-1}$$

证明 固定$\beta(0\leqslant\beta<n)$，对任意的$u_0\in C_0^\infty(B)$，令u^*表示$|u|$的单减重排函数，由式(1-1-4)和式(1-1-5)及 Hardy-Littlewood 不等式[8-9]，有

$$\int_B |\nabla u^*|^n dx\leqslant\int_B |\nabla u|^n dx,$$

$$\int_B |x|^{-\beta}|u|^n dx\leqslant\int_B |x|^{-\beta}u^{*n} dx。$$

因此，

$$\lambda_\beta(B)=\inf_{u\in W_0^{1,n}(B),u\neq0}\frac{\int_B |\nabla u|^n dx}{\int_B |x|^{-\beta}|u|^n dx},\tag{2-2-2}$$

其中，式(2-2-2)中的下确界取遍$W_0^{1,n}(B)$中所有的非负径向对称函数。由变分法，我们可以找到取得下确界的函数u_0，显然u_0满足欧拉-拉格朗日方程，即式(2-2-1)。

引理 2.2 对任何的$\beta(0\leqslant\beta<n)$，有

$$\lambda_\beta(B)=(1-\beta/n)^n\lambda_0(B),\tag{2-2-3}$$

式中：$\lambda_0(B)=\inf_{\|u\|_n=1}\|\nabla u\|_n^n$是$\Delta_n$在 Dirichlet 边值条件下的第一特征值。

证明 一方面，设存在非负径向对称函数$v\in W_0^{1,n}(B)$，满足$\int_B v^n dx=1$和

$$\int_B |\nabla u|^n dx=\lambda_0(B)。\tag{2-2-4}$$

为简单化，记 $v(r)=v(x)$，其中 $r=|x|$，类似于 Adimuith 和 K. Sandeep[30] 的方法，我们定义一个新的径向对称函数

$$u(r)=(1-\beta/n)^{\frac{1}{n}-1}v(r^{1-\beta/n})。$$

于是可以得到

$$\begin{aligned}\int_B |x|^{-\beta}u^n\mathrm{d}x &=\int_0^1\omega_{n-1}(u(r))^n r^{n-1-\beta}\mathrm{d}r\\ &=(1-\beta/n)^{-n}\int_0^1\omega_{n-1}(v(t))^n t^{n-1}\mathrm{d}t\\ &=(1-\beta/n)^{-n}\int_B v^n\mathrm{d}x\\ &=(1-\beta/n)^{-n},\end{aligned}\tag{2-2-5}$$

$$\begin{aligned}\int_B |\nabla u|^n\mathrm{d}x &=\int_0^1\omega_{n-1}|u'(r)|^n r^{n-1}\mathrm{d}r\\ &=(1-\beta/n)\int_0^1\omega_{n-1}|v'(r^{1-\beta/n})|^n r^{n-1-\beta}\mathrm{d}r\\ &=\int_0^1\omega_{n-1}|v'(t)|^n t^{n-1}\mathrm{d}t\\ &=\int_B|\nabla v|^n\mathrm{d}x。\end{aligned}\tag{2-2-6}$$

由式(2-2-4)和式(2-1-3)，可以得到

$$(1-\beta/n)^n\lambda_0(B)\geqslant\lambda_\beta(B)。\tag{2-2-7}$$

另一方面，由引理 2.1 知，存在非负径向对称函数 $u\in W_0^{1,n}(B)$，满足 $\int_B|x|^{-\beta}u^n\mathrm{d}x=1$ 和 $\int_B|\nabla u|^n\mathrm{d}x=\lambda_\beta(B)$，采用 Adimuith 和 K. Sandeep[30] 中的变量替换方法，令

$$v(r)=(1-\beta/n)^{1-\frac{1}{n}}u(r^{\frac{n}{n-\beta}})。$$

可以得到

$$\begin{aligned}\int_B v^n \mathrm{d}x &= \int_0^1 (v(r))^n \omega_{n-1} r^{n-1} \mathrm{d}r \\ &= (1-\beta/n)^n \int_0^1 (u(t))^n \omega_{n-1} t^{n-1-\beta} \mathrm{d}t \\ &= (1-\beta/n)^n \int_B |x|^{-\beta} u^n \mathrm{d}x \\ &= (1-\beta/n)^n,\end{aligned}$$

$$\begin{aligned}\int_B |\nabla v|^n \mathrm{d}x &= \int_0^1 |v'(r)|^n \omega_{n-1} r^{n-1} \mathrm{d}r \\ &= (1-\beta/n)^{-1} \int_0^1 |u'(r^{n/(n-\beta)})|^n \omega_{n-1} r^{n-1+n\beta/(n-\beta)} \mathrm{d}r \\ &= \int_0^1 |u'(t)|^n \omega_{n-1} t^{n-1} \mathrm{d}t \\ &= \int_B |\nabla u|^n \mathrm{d}x。\end{aligned}$$

这就意味着

$$(1-\beta/n)^n \lambda_0(B) \leqslant \lambda_\beta(B)。\qquad (2-2-8)$$

结合式(2－2－7)和式(2－2－8)，我们就得到引理 2.2 的结论。

§2.3 加权的 Trudinger-Moser 嵌入结果的证明

定理 1(1) 的证明 固定 $\beta(0 \leqslant \beta < n)$，由重排理论和 Hardy-Littlewood 不等式，可以证明对任意的 $\alpha(0 \leqslant \alpha < \lambda_\beta(B))$，以及满足 $\|\nabla u\|_n \leqslant 1$ 的非负径向对称函数 $u \in W_0^{1,n}(B)$，一定存在只依赖于 n 和 α 的常数 C 满足

$$\int_B |x|^{-\beta} e^{\gamma u^{\frac{n}{n-1}}\left(1+\alpha\int_B |x|^{-\beta}u^n \mathrm{d}x\right)^{\frac{1}{n-1}}} \mathrm{d}x \leqslant C, \qquad (2-3-1)$$

式中：$\gamma = \alpha_n(1-\beta/n)$。我们继续采用引理 2.2 的方法，令

$$v(r) = (1-\beta/n)^{1-\frac{1}{n}} u(r^{\frac{n}{n-\beta}})。$$

由式(2－2－5)和式(2－2－6)，可以得到

$$\int_B |\nabla v|^n dx \leqslant 1, \tag{2-3-2}$$

$$\int_B |x|^{-\beta} u^n dx = (1-\beta/n)^{-n} \int_B v^n dx。 \tag{2-3-3}$$

记 $b = \left(1+\alpha\int_B |x|^{-\beta}u^n dx\right)^{\frac{1}{n-1}}$，有

$$\begin{aligned}
\int_B |x|^{-\beta} e^{b\gamma u^{\frac{n}{n-1}}} dx &= \int_0^1 e^{b\gamma(u(r))^{\frac{n}{n-1}}} \omega_{n-1} r^{n-1-\beta} dr \\
&= \frac{n}{n-\beta}\int_0^1 e^{b\gamma(u(t^{\frac{n}{n-\beta}}))^{\frac{n}{n-1}}} \omega_{n-1} t^{n-1} dt \\
&= \frac{n}{n-\beta}\int_0^1 e^{b\alpha_n(v(t))^{\frac{n}{n-1}}} \omega_{n-1} t^{n-1} dt \\
&= \frac{n}{n-\beta}\int_B e^{b\alpha_n v^{\frac{n}{n-1}}} dx。
\end{aligned} \tag{2-3-4}$$

再由式(2－3－3)及引理2.2可以得到

$$b = \left(1+\frac{\alpha}{(1-\beta/n)^n}\int_B v^n dx\right)^{\frac{1}{n-1}},$$

$$\frac{\alpha}{(1-\beta/n)^n} < \frac{\lambda_\beta(B)}{(1-\beta/n)^n} = \lambda_0(B)。 \tag{2-3-5}$$

由式(2－3－2)和式(2－3－5)，利用 Y. Yang[21] 中的定理1.1，可以得到

$$\int_B e^{b\alpha_n v^{\frac{n}{n-1}}} dx \leqslant \sup_{u\in W_0^{1,n}(B),\ \|\nabla u\|_n \leqslant 1} \int_B e^{\alpha_n |u|^{\frac{n}{n-1}}\left(1+\frac{\alpha}{(1-\beta/n)^n}\int_B u^n dx\right)^{\frac{1}{n-1}}} dx,$$

再结合式(2－3－4)就可以得到式(2－3－1)。

定理1(2)的证明　已知 $\lambda_\beta(B)$ 由式(2－1－3)定义，由引理2.1，$\lambda_\beta(B)$ 可以被单减对称函数 $u_0 \in W_0^{1,n}(B)$ 所达到，其中，u_0 满足 $\int_B |x|^{-\beta} u_0^n dx = 1$ 和式(2－2－1)。令 $\phi_0 = \frac{u_0}{\|\nabla u_0\|_n}$，则 ϕ_0 是一个单减对称函数，且满足

$$\begin{cases} -\Delta_n\phi_0 = \lambda_\beta\ |x|^{-\beta}\phi_0^{n-1}, \text{在 B 内}, \\ \phi_0 \in W_0^{1,n}(\mathrm{B}),\ \|\nabla\phi_0\|_n = 1。 \end{cases} \tag{2-3-6}$$

由椭圆正则性定理[63]知，对某些 $0 < \nu < 1$，$\phi_0 \in C^1(\mathrm{B}\setminus\{0\}) \cap C^\nu(\mathrm{B})$。显然，$\phi_0(0) > 0$。

单位球上的 n-Laplacian 的格林函数的形式是：

$$G(x) = \frac{n}{\alpha_n}\log\frac{1}{|x|},\ \forall x \in \mathrm{B}。 \tag{2-3-7}$$

类似于 Y. Yang[21] 的证明，我们令

$$\phi_\varepsilon(x) = \begin{cases} \left(\dfrac{n}{\alpha_n}\log\dfrac{1}{\varepsilon}\right)^{\frac{n-1}{n}},\ |x| < \varepsilon, \\ AG(x) + \mathrm{B},\ \varepsilon \leqslant |x| \leqslant \delta, \\ t_\varepsilon(\phi_0(\delta) + \eta(\phi_0 - \phi_0(\delta))),\ \delta < |x| < 1。 \end{cases}$$

式中：

$$A = \frac{\left(\dfrac{n}{\alpha_n}\log\dfrac{1}{\varepsilon}\right)^{\frac{n-1}{n}} - t_\varepsilon\phi_0(\delta)}{\dfrac{n}{\alpha_n}\log\dfrac{1}{\varepsilon} - \dfrac{n}{\alpha_n}\log\dfrac{1}{\delta}},$$

$$\mathrm{B} = \frac{t_\varepsilon\phi_0(\delta)\dfrac{n}{\alpha_n}\log\dfrac{1}{\varepsilon} - \left(\dfrac{n}{\alpha_n}\log\dfrac{1}{\varepsilon}\right)^{\frac{n-1}{n}}\dfrac{n}{\alpha_n}\log\dfrac{1}{\delta}}{\dfrac{n}{\alpha_n}\log\dfrac{1}{\varepsilon} - \dfrac{n}{\alpha_n}\log\dfrac{1}{\delta}},$$

$\eta \in C^1(\bar{\mathrm{B}})$，满足 $0 \leqslant \eta \leqslant 1$，且当 $|x| < \delta$ 时，$\eta = 0$；当 $2\delta \leqslant |x| \leqslant 1$ 时，$\eta = 1$，以及对足够小的 $\delta > 0$，有 $|\nabla\eta| \leqslant \dfrac{2}{\delta}$。显然，$\varphi_\varepsilon \in W_0^{1,n}(\mathrm{B})$。我们选取 t_ε，满足 $t_\varepsilon \to 0$，$t_\varepsilon^n\log\dfrac{1}{\varepsilon} \to +\infty$ 及 $t_\varepsilon^{n+1}\log\dfrac{1}{\varepsilon} \to 0$。

经过一系列计算，可以得到

$$\int_{\varepsilon \leqslant |x| \leqslant \delta} |\nabla G|^n \mathrm{d}x = \frac{n}{\alpha_n}\log\frac{1}{\varepsilon} - \frac{n}{\alpha_n}\log\frac{1}{\delta}, \tag{2-3-8}$$

进而得到

$$\begin{aligned}\int_{\varepsilon\leqslant|x|\leqslant\delta}|\nabla\phi_\varepsilon|^n\mathrm{d}x&=A^n\int_{\varepsilon\leqslant|x|\leqslant\delta}|\nabla G|^n\mathrm{d}x\\&=1-\frac{nt_\varepsilon\phi_0(\delta)}{\left(\frac{n}{\alpha_n}\log\frac{1}{\varepsilon}\right)^{\frac{n-1}{n}}}(1+o_\varepsilon(1))。\end{aligned}\tag{2-3-9}$$

其中，当 $\varepsilon\to0$ 时，$o_\varepsilon(1)\to0$。注意到，当 $\delta\leqslant|x|\leqslant2\delta$ 时，$\phi_0(x)=\phi_0(\delta)+O(\delta^\nu)$，因此

$$\int_{\varepsilon\leqslant|x|\leqslant2\delta}|\nabla\phi_\varepsilon|^n\mathrm{d}x=t_\varepsilon^nO(\delta^\theta),$$

式中：$\theta=\min\{n-\beta,n\nu\}$。$\phi_\varepsilon$ 在区域 $\mathrm{B}\backslash\mathrm{B}_{2\delta}$上的能量估计如下：

$$\begin{aligned}\int_{\mathrm{B}\backslash\mathrm{B}_{2\delta}}|\nabla\phi_\varepsilon|^n\mathrm{d}x&=t_\varepsilon^n\int_{\mathrm{B}\backslash\mathrm{B}_{2\delta}}|\nabla\phi_0|^n\mathrm{d}x\\&=t_\varepsilon^n\left(1-\int_{\mathrm{B}_{2\delta}}|\nabla\phi_0|^n\mathrm{d}x\right)\\&=t_\varepsilon^n(1-O(\delta^{n-\beta}))。\end{aligned}\tag{2-3-10}$$

由式(2-3-8)、式(2-3-9)和式(2-3-10)，有

$$\int_{\mathrm{B}}|\nabla\phi_\varepsilon|^n\mathrm{d}x=1-\frac{nt_\varepsilon\phi_0(\delta)}{\left(\frac{n}{\alpha_n}\log\frac{1}{\varepsilon}\right)^{\frac{n-1}{n}}}(1+o_\varepsilon(1))+t_\varepsilon^n(1+O(\delta^\theta))。\tag{2-3-11}$$

令 $v_\varepsilon=\dfrac{\phi_\varepsilon}{\|\nabla\phi_\varepsilon\|_n}$，则 $v_\varepsilon\in W_0^{1,n}(\mathrm{B})$，以及 $\|\nabla v_\varepsilon\|_n=1$。利用估计

$$\int_{|x|<2\delta}|x|^{-\beta}\phi_0^n\mathrm{d}x\leqslant[\phi_0(0)]^n\int_{|x|<2\delta}|x|^{-\beta}\mathrm{d}x=\frac{\omega_{n-1}}{n-\beta}(2\delta)^{n-\beta}[\phi_0(0)]^n,$$

以及式(2-3-6)和式(2-3-11)，有

$$\lambda_\beta \int_B |x|^{-\beta}|v_\varepsilon|^n \mathrm{d}x \geqslant \frac{\lambda_\beta(B)}{\|\nabla\phi_\varepsilon\|_n^n}\int_{|x|>2\delta}|x|^{-\beta}t_\varepsilon^n\phi_0^n\mathrm{d}x$$

$$=\frac{\lambda_\beta(B)}{\|\nabla\phi_\varepsilon\|_n^n}t_\varepsilon^n\left(\int_B |x|^{-\beta}\phi_0^n\mathrm{d}x-\int_{|x|<2\delta}|x|^{-\beta}\phi_0^n\mathrm{d}x\right)$$

$$=t_\varepsilon^n(1+O(\delta^{n-\beta}))+O(t_\varepsilon^n)。$$

式中：$\phi_0(0)=\max\limits_B\phi_0$。由式(2－3－11)，可以得到

$$\frac{1}{\|\nabla\phi_\varepsilon\|_n^{\frac{n}{n-1}}}=1+\frac{n}{n-1}\frac{t_\varepsilon\phi_0(\delta)}{\left(\frac{n}{\alpha_n}\log\frac{1}{\varepsilon}\right)^{\frac{n-1}{n}}}(1+o_\varepsilon(1))-\frac{1}{n-1}t_\varepsilon^n(1+O(\delta^\theta))。$$

注意到 $\gamma=\alpha_n(1-\beta/n)$，在区域 B_ε 上经过一系列计算，可以得到

$$\gamma|v_\varepsilon|^{\frac{n}{n-1}}\left(1+\lambda_\beta(B)\int_B|x|^{-\beta}|v_\varepsilon|^n\mathrm{d}x\right)^{\frac{1}{n-1}}$$

$$\geqslant(n-\beta)\log\frac{1}{\varepsilon}+\frac{n(n-\beta)}{n-1}t_\varepsilon\left(\log\frac{1}{\varepsilon}\right)^{\frac{1}{n}}\phi_0(\delta)(1+o_\varepsilon(1))$$

$$+\frac{n-\beta}{n-1}t_\varepsilon^n\log\frac{1}{\varepsilon}(O(\delta^\theta)+O(t_\varepsilon^n))。\tag{2－3－12}$$

我们取 $\delta=\dfrac{1}{\left(t_\varepsilon^n\log\frac{1}{\varepsilon}\right)^{\frac{2}{\theta}}}$，则$\dfrac{\varepsilon}{\delta}\to0$，当 $\varepsilon\to0$ 及 $t_\varepsilon^n\log\dfrac{1}{\varepsilon}O(\delta^\theta)=o_\varepsilon(1)$时，还有 $t_\varepsilon^{2n}\log\dfrac{1}{\varepsilon}=o_\varepsilon(1)$。当 $\varepsilon\to0$ 时，$\phi_0(\delta)=\phi_0(0)+o_\varepsilon(1)$。因此，由式(2－3－12)及事实$\int_{|x|<\varepsilon}|x|^{-\beta}\mathrm{d}x=\dfrac{\omega_{n-1}}{n-\beta}\varepsilon^{n-\beta}$，对任意的 $\alpha\geqslant\lambda_\beta(B)$时，

$$\int_B|x|^{-\beta}e^{\gamma|v_\varepsilon|^{\frac{n}{n-1}}\left(1+\lambda_\beta(B)\int_B|x|^{-\beta}|v_\varepsilon|^n\mathrm{d}x\right)^{\frac{1}{n-1}}}\mathrm{d}x$$

$$\geqslant\int_{|x|\leqslant\varepsilon}|x|^{-\beta}e^{\gamma|v_\varepsilon|^{\frac{n}{n-1}}\left(1+\lambda_\beta(B)\int_B|x|^{-\beta}|v_\varepsilon|^n\mathrm{d}x\right)^{\frac{1}{n-1}}}\mathrm{d}x$$

$$\geqslant \frac{\omega_{n-1}}{n-\beta} e^{\frac{n(n-\beta)}{n-1} t_\varepsilon \left(\log \frac{1}{\varepsilon}\right)^{\frac{1}{n}} (\phi_0(0) + o_\varepsilon(1)) + o_\varepsilon(1)}$$

$\to +\infty$（当 $\varepsilon \to 0$ 时）。

从而证明了定理 1。

§2.4　扩展与问题

如果将单位球换为半径为 R、中心在原点的球 B_R，定理 1 仍然成立。而且，如果用一有界光滑区域 $\Omega \subset \mathbb{R}^n$ 来代替单位球 B，定理 1(2) 仍然成立；而定理 1(1) 的结论需改为下面的内容：设 $|\Omega| = |B_R|$，此处 $|\ |$ 表示一个集合的 Lebesgue 测度。若 $0 \leqslant \alpha < \lambda_\beta(B_R)$，用 B_R 替换 Ω，我们有式(2-1-4)。此时证明与定理 1 类似。

当 B 改为 $\mathbb{R}^n$ 时，定理 1 如何推导也很有趣，将产生 Adimurthi 和 Y. Yang[40] 的结果。而且，如何推导带有高阶导数的不等式也很有趣[29]。

第三章　带 L^p 范数的 Trudinger-Moser 嵌入

我们考虑了带 L^p 范数的 Trudinger-Moser 嵌入问题，研究了一类带 L^p 范数的 Trudinger-Moser 不等式，以定理 2 的形式给出。本章分为 3 节：§3.1 给出了本章的主要定理结果；§3.2 给出了 3 个引理，并给予证明；§3.3 是定理 2 证明的主体部分。在引理和定理的证明中，我们采用的方法类似于第二章：对称理论、变量替换等，但计算有所不同。

§3.1　带 L^p 范数的 Trudinger-Moser 嵌入的结果

2007 年，Adimurthi 和 K. Sandeep[30] 研究了奇异的 Trudinger-Moser 嵌入问题，其研究内容如下。

设 Ω 是 R^n 中的有界光滑区域，$0\leqslant\beta<n$，$\alpha_n=n\omega_{n-1}^{\frac{1}{n-1}}$（$\omega_{n-1}$表示 R^n 中单位球面的面积），γ 满足$\dfrac{\gamma}{\alpha_n}+\dfrac{\beta}{n}=1$，则

$$\sup_{u\in W_0^{1,n}(\Omega),\ \|\nabla u\|_n\leqslant 1}\int_\Omega \frac{\mathrm{e}^{\gamma|u|^{\frac{n}{n-1}}}}{|x|^\beta}\mathrm{d}x<+\infty;\qquad(3-1-1)$$

若 $\gamma\geqslant\alpha_n(1-\beta/n)$，式(3-1-1)中的上确界等于无穷。

2009 年，G. Lu 和 Y. Yang[24] 考虑了下面的情形。

设 Ω 是 R^2 中的有界光滑区域，$p>1$，令

$$\lambda_p(\Omega)=\inf_{u\in W_0^{1,2}(\Omega),u\neq 0}\frac{\int_\Omega |\nabla u|^2\mathrm{d}x}{\left(\int_\Omega |u|^p\mathrm{d}x\right)^{2/p}},\qquad(3-1-2)$$

当 $0\leqslant\alpha<\lambda_p(\Omega)$，下式成立：

$$\sup_{u\in W_0^{1,2}(\Omega),\|\nabla u\|_2\leqslant 1}\int_\Omega \mathrm{e}^{4\pi u^2(1+\alpha\|u\|_p^2)}\mathrm{d}x<+\infty;\qquad(3-1-3)$$

当 $\alpha\geqslant\lambda_p(\Omega)$ 时，式(3－1－3)中的上确界等于无穷。当 α 足够小时，式(3－1－3)中的极值函数也是存在的。

在本章，我们考虑 Adimurthi 和 K. Sandeep[30]、G. Lu 和 Y. Yang[24] 在 R^2 中有界区域上的情形。设 Ω 是 R^2 中的一个有界光滑区域，$p>1$，固定 $\beta(0\leqslant\beta<2)$，定义

$$\lambda_{p,\beta}(\Omega)=\inf_{u\in W_0^{1,2}(\Omega),u\neq 0}\frac{\int_\Omega |\nabla u|^2\mathrm{d}x}{\left(\int_\Omega |x|^{-\beta}|u|^p\mathrm{d}x\right)^{2/p}}。\qquad(3-1-4)$$

为简单化，我们记

$$\|u\|_{p,\beta}=\left(\int_\Omega |x|^{-\beta}|u|^p\mathrm{d}x\right)^{\frac{1}{p}}。\qquad(3-1-5)$$

有下面定理。

定理 2　设 Ω 是 R^2 中的有界光滑区域，$\mathrm{B}_R\subset\mathrm{R}^2$ 是中心在原点、半径为 R 的圆盘，且区域 Ω 的面积等于圆盘的面积 πR^2。p 是大于 1 的常数，固定 $\beta(0\leqslant\beta<2)$，γ 满足 $\frac{\gamma}{4\pi}+\frac{\beta}{2}=1$，$\lambda_{p,\beta}(\Omega)$ 由式(3－1－4)定义。则

①对任意的 α，当 $0\leqslant\alpha<\lambda_{p,\beta}(\Omega)$ 时，有

$$\sup_{u\in W_0^{1,2}(\Omega),\|\nabla u\|_2\leqslant 1}\int_\Omega |x|^{-\beta}\mathrm{e}^{\gamma u^2(1+\alpha\|u\|_{p,\beta}^2)}\mathrm{d}x<+\infty;\qquad(3-1-6)$$

②当 $\Omega=\mathrm{B}_R$ 时，对任意的 $0\leqslant\alpha<\lambda_{p,\beta}(\mathrm{B}_R)$，

$$\sup_{u\in W_0^{1,2}(\Omega),\|\nabla u\|_2\leqslant 1}\int_\Omega |x|^{-\beta}\mathrm{e}^{\gamma u^2(1+\alpha\|u\|_{p,\beta}^2)}\mathrm{d}x=+\infty。$$

显然，定理 2 推广了 Adimurthi 和 K. Sandeep[30]、Y. Yang[21]、G. Lu

和 Y. Yang[24]在 $n=2$ 时的结论。

§3.2 特征值的性质

在本部分，我们先研究由式(3－1－4)定义的特征值的性质。下面的证明用到了对称性理论及变量替换的方法。

引理 3.1 对任意的实数 $p>1$ 和 $\beta(0\leqslant\beta<2)$，我们有 $\lambda_{p,\beta}(\Omega)>0$。而且，$\lambda_{p,\beta}(\Omega)$ 可以被某些函数 $\phi_0\in W_0^{1,2}(\Omega)$ 达到，$\phi_0\in W_0^{1,2}(\Omega)$ 满足

$$\begin{cases}-\Delta\phi_0=\lambda_{p,\beta}|x|^{-\beta}\|\phi_0\|_{p,\beta}^{2-p}\phi_0^{p-1}, \text{在 } \Omega \text{ 内}, \\ \|\nabla\phi\|_2=1, \phi_0\geqslant 0, \text{在 } \Omega \text{ 内}。\end{cases} \tag{3-2-1}$$

式中：$\|\ \|_{p,\beta}$ 由式(3－1－5)定义。

证明 我们选一函数列 $u_k\in W_0^{1,2}(\Omega)$，满足 $\|u_k\|_{p,\beta}=1$ 及 $\|\nabla u_k\|_2^2\to\lambda_{p,\beta}(\Omega)$，因此 u_k 在 $W_0^{1,2}(\Omega)$ 有界。不失一般性，我们假设

$$u_k\to u_0 (\text{在 } W_0^{1,2}(\Omega) \text{ 中弱收敛}), \tag{3-2-2}$$

$$u_k\to u_0 (\text{在 } L^q(\Omega) \text{ 中强收敛}, \forall q\geqslant 1)。 \tag{3-2-3}$$

由式(3－2－3)及赫尔德(Hölder)不等式，可以得到 $\|u_0\|_{p,\beta}=1$，而式(3－2－3)暗含着

$$\lim_{k\to+\infty}\int_\Omega \nabla u_k\nabla u_0\mathrm{d}x=\int_\Omega|\nabla u_0|^2\mathrm{d}x,$$

这导致

$$\int_\Omega|\nabla u_0|^2\mathrm{d}x\leqslant\limsup_{k\to+\infty}\int_\Omega|\nabla u_k|^2\mathrm{d}x=\lambda_{p,\beta}(\Omega)。$$

因此 u_0 可以达到 $\lambda_{p,\beta}(\Omega)$，特别地，$\lambda_{p,\beta}(\Omega)>0$。显然，$|u_0|$ 也是最小值函数，因此我们假设 $u_0\geqslant 0$。令 $\phi_0=\dfrac{u_0}{\|\nabla u_0\|_2}$，则 ϕ_0 可以达到 $\lambda_{p,\beta}(\Omega)$，而且满足欧拉－拉格朗日方程，即式(3－2－1)。由椭圆正则性理论[2]，对某些 $0<\nu<1$，有 $\phi_0\in C^1(\Omega\setminus\{0\})\cap C^\nu(\Omega)$。

引理 3.1 中，用 B_R（表示 R^2 中半径为 R、中心在原点的球）来代替区域 Ω，我们有下面的结果。

引理 3.2　设 B_R 是 R^2 中半径为 R、中心在原点的球，则 $\lambda_{p,\beta}(B_R)>0$，且 $\lambda_{p,\beta}(B_R)$ 可以被某些径向对称单减函数 $\phi_0\in W_0^{1,2}(B_R)$ 所达到，其中，ϕ_0 满足式(3-2-1)(将 Ω 替换为 B_R)。

证明　对任意的 $u\in C_0^\infty(B)$，假设 u^* 是 $|u|$ 的非负单减重排函数。由式(1-1-4)、式(1-1-5)及 Hardy-Littlewood 不等式[8-9]，有

$$\int_{B_R}|\nabla u^*|^2\mathrm{d}x\leqslant\int_{B_R}|\nabla u|^2\mathrm{d}x,$$

$$\int_{B_R}|x|^{-\beta}|u|^p\mathrm{d}x\leqslant\int_{B_R}|x|^{-\beta}u^{*p}\mathrm{d}x。\tag{3-2-4}$$

结合 $\lambda_{p,\beta}(B_R)$ 的定义式(3-1-4)，可以得到

$$\lambda_{p,\beta}(B_R)=\inf\frac{\int_{B_R}|\nabla u|^2\mathrm{d}x}{\|u\|_{p,\beta}},\tag{3-2-5}$$

其中，式(3-2-5)中的下确界可以取遍 $W_0^{1,2}(B_R)$ 所有非负径向对称单减函数。采取引理 3.1 证明中同样的步骤，就可以找到最小值函数 ϕ_0。

为简单化，对于 $q>1$ 及 $r>0$，我们记

$$\|u\|_{q,B_r}=\left(\int_{B_r}|u|^q\mathrm{d}x\right)^{\frac{1}{q}},$$

$$\|u\|_{q,\beta,B_r}=\left(\int_{B_r}|x|^{-\beta}|u|^q\mathrm{d}x\right)^{\frac{1}{q}}。$$

引理 3.3　设 $p>1$，固定 $0\leqslant\beta<2$，则

$$\lambda_{p,\beta}(B_R)=\left(1-\frac{\beta}{2}\right)^{1+\frac{2}{p}}\lambda_p(B_{R^{1-\beta/2}}),$$

式中：$\lambda_p(B_{R^{1-\beta/2}})=\inf\limits_{\|u\|_p=1}\|\nabla u\|_2^2$，$\|\ \|_2$ 表示 $L^2(B_{R^{1-\beta/2}})$ 范数。

证明　为简单化，我们记 $a=1-\dfrac{\beta}{2}$。一方面，存在非负径向对称函数 $v\in W_0^{1,n}(B_{R^a})$，使得 $\|v\|_{p,B_{R^a}}=1$ 和

$$\|\nabla v\|_{2,B_{R^a}}^2=\lambda_p(B_{R^a})。\tag{3-2-6}$$

再记 $v(r)=v(x)$，其中 $r=|x|$。借鉴 Adimurthi 和 K. Sandeep[30] 中的变量替换方法，我们定义一个新的径向对称函数。对 $r\in[0,R]$，

$$u(r)=a^{-\frac{1}{2}}v(r^a)。$$

因此，

$$\begin{aligned}\|u\|_{p,\beta,B_R}^2&=\left(\int_{B_R}|x|^{-\beta}u^p\mathrm{d}x\right)^{\frac{2}{p}}=\left(\int_0^R 2\pi\,(u(r))^p r^{1-\beta}\mathrm{d}r\right)^{\frac{2}{p}}\\&=a^{-(1+\frac{2}{p})}\left(\int_0^{R^a}2\pi\,(v(t))^p t\mathrm{d}t\right)^{\frac{2}{p}}\\&=a^{-(1+\frac{2}{p})}\|v\|_{p,B_{R^a}}^2\\&=a^{-(1+\frac{2}{p})},\end{aligned}\tag{3-2-7}$$

$$\begin{aligned}\|\nabla u\|_{2,B_R}^2&=\int_0^R 2\pi r\,|u'(r)|^2\mathrm{d}r\\&=\int_0^{R^a}2\pi\,|v'(t)|^2 t\mathrm{d}t\\&=\|\nabla v\|_{2,B_{R^a}}^2。\end{aligned}\tag{3-2-8}$$

再由式(3-2-6)和 $\lambda_{p,\beta}(B_R)$ 的定义式(3-1-4)，可以得到

$$a^{1+\frac{2}{p}}\lambda_p(B_{R^a})\geqslant\lambda_{p,\beta}(B_R)。\tag{3-2-9}$$

另一方面，由引理 3.2，存在某些非负径向对称函数 $u\in W_0^{1,2}(B_R)$，使得 $\|u\|_{p,\beta,B_R}^2=1$ 及 $\|\nabla u\|_{2,B_R}^2=\lambda_{p,\beta}(B_R)$。类似于 Adimurthi 和 K. Sandeep[30]，令

$$v(r)=\sqrt{a}u(r^{\frac{1}{a}}),r\in[0,R^a]。$$

重复上面的计算，有 $\|\nabla v\|_{2,B_{R^a}}^2=\|\nabla u\|_{2,B_R}^2$，以及

$$\|v\|_{p,B_{R^a}}^2=a^{1+\frac{2}{p}}\left(\int_{B_R}|x|^{-\beta}u^p\mathrm{d}x\right)^{\frac{2}{p}}=a^{1+\frac{2}{p}}\|u\|_{p,\beta,B_R}^2=a^{1+\frac{2}{p}}。$$

这就意味着

$$a^{1+\frac{2}{p}}\lambda_p(B_{R^a})\leqslant\lambda_{p,\beta}(B_R)。\tag{3-2-10}$$

结合式(3－2－9)和式(3－2－10),我们就证明了引理3.3。

§3.3　带 L^p 范数的 Trudinger-Moser 嵌入的结果的证明

在本部分,我们将证明定理2对于定理2(1),我们用到了对称重排理论和变量替换的方法,该方法由 Adimurthi 和 K. Sandeep[30]使用过。对于定理2(2),我们借助于测试函数,其构造见 Y. Yang[21]及 G. Lu 和 Y. Yang[24]。我们的计算更加细致,特别在涉及奇异特征值 $\lambda_{p,\beta}(\mathrm{B}_R)$ 的时候。

定理2(1)的证明　设 $p>1$,固定 $0\leqslant\beta<2$,设区域 Ω 的面积为 πR^2,对任意的 $u\in W_0^{1,2}(\Omega)$,用 $u^*\in W_0^{1,2}(\mathrm{B}_R)$ 表示 $|u|$ 的单减重排函数,有

$$\int_{\mathrm{B}_R}|\nabla u^*|^2\mathrm{d}x\leqslant\int_\Omega|\nabla u|^2\mathrm{d}x,$$

$$\int_\Omega|x|^{-\beta}|u|^p\mathrm{d}x\leqslant\int_{\mathrm{B}_R}|x|^{-\beta}u^{*p}\mathrm{d}x。$$

从而有

$$\int_\Omega|x|^{-\beta}\mathrm{e}^{\gamma u^2(1+\alpha\|u\|_{p,\beta}^2)}\mathrm{d}x<\int_{\mathrm{B}_R}|x|^{-\beta}\mathrm{e}^{\gamma u^{*2}(1+\alpha\|u^*\|_{p,\beta,\mathrm{B}_R}^2)}\mathrm{d}x。$$

因此,为证明式(3－1－6),我们只要证明:对于任意的 $\alpha(0\leqslant\alpha<\lambda_{p,\beta}(\mathrm{B}_R))$,以及任意非负径向对称单减函数 $u\in W_0^{1,2}(\mathrm{B}_R)$(满足 $\|\nabla u\|_{2,\mathrm{B}_R}^2\leqslant 1$),一定存在某个常数 C(仅仅依赖于 α、β 和 R)使得

$$\int_\Omega|x|^{-\beta}\mathrm{e}^{\gamma u^2(1+\alpha\|u\|_{p,\beta,\mathrm{B}_R}^2)}\mathrm{d}x\leqslant C,\qquad(3-3-1)$$

式中:$\gamma=4\pi\left(1-\dfrac{\beta}{2}\right)$。令 $a=1-\dfrac{\beta}{2}$,且

$$v(r)=\sqrt{a}u(r^{\frac{1}{a}})。$$

由式(3－2－7)和式(3－2－8),得到

$$\|\nabla v\|_{2,\mathrm{B}_{R^a}}^2\leqslant 1,\qquad(3-3-2)$$

$$\|u\|_{p,\beta,\mathrm{B}_R}^2=a^{-\left(1+\frac{2}{p}\right)}\|v\|_{p,\mathrm{B}_{R^a}}^2。\qquad(3-3-3)$$

为简单化，我们记 $b=1+\alpha\ \|u\|_{p,\beta,B_R}^2$。由式(3－3－3)可得

$$b=1+\alpha a^{-\left(1+\frac{2}{p}\right)}\|v\|_{p,B_{Ra}}^2。$$

由引理3.2，经过计算，有

$$\begin{aligned}\int_{B_R}|x|^{-\beta}e^{b\gamma u^2}dx&=\int_0^R 2\pi e^{b\gamma(u(r))^2}r^{2a-1}dr\\&=\frac{1}{a}\int_0^{R^a}e^{4\pi b(v(t))^2}2\pi t dt\\&=\frac{1}{a}\int_{B_{Ra}}e^{4\pi bv^2}dx,\end{aligned}\qquad(3-3-4)$$

以及

$$\frac{\alpha}{a^{1+\frac{2}{p}}}<\frac{\lambda_{p,\beta}(B_R)}{a^{1+\frac{2}{p}}}=\lambda_p(B_{R^a})。\qquad(3-3-5)$$

考虑式(3－3－2)和式(3－3－5)，利用 G. Lu 和 Y. Yang[24] 的定理1.1，有

$$\int_{B_{Ra}}e^{4\pi bv^2}dx\leqslant\sup_{u\in W_0^{1,2}(B_R),\ \|\nabla u\|_{2,B_R}\leqslant1}\int_{B_R}e^{4\pi u^2\left(1+\frac{\alpha}{a^{1+\frac{2}{p}}}\|u\|_{p,B_R}^2\right)}dx,$$

再由式(3－3－4)和式(3－2－4)，就可得到式(3－2－1)。

定理2(2)的证明 令 $\Omega=B_R$，记 $\lambda_{p,\beta}=\lambda_{p,\beta}(B_R)$。由引理3.2，$\lambda_{p,\beta}$ 可以被径向对称单减函数 φ_0 所达到，对于 $0<\nu<1$，$\phi_0\in W_0^{1,2}(B_R)\cap C^1(B_R\setminus\{0\})\cap C^\nu(B_R)$。显然，我们有 $\phi_0(0)=\max\limits_{B_R}\phi_0>0$。定义 $\phi_0(r)=\phi_0(x)$，其中 $0\leqslant r=|x|\leqslant R$。

令

$$G(x)=\frac{1}{2\pi}\log\frac{1}{|x|},\ \forall\ |x|\leqslant R。\qquad(3-3-6)$$

类似于 Y. Yang[21]、G. Lu 和 Y. Yang[24] 的证明，令

$$\phi_\varepsilon(x)=\begin{cases}\sqrt{\dfrac{1}{2\pi}\log\dfrac{1}{\varepsilon}},\ |x|<\varepsilon,\\AG(x)+B,\ \varepsilon\leqslant|x|\leqslant\delta,\\t_\varepsilon(\phi_0(\delta)+\eta(\phi_0-\phi_0(\delta))),\ \delta<|x|<R。\end{cases}$$

其中

$$A=\frac{\sqrt{\frac{1}{2\pi}\log\frac{1}{\varepsilon}}-t_{\varepsilon}\phi_0(\delta)}{\frac{1}{2\pi}\log\frac{1}{\varepsilon}-\frac{1}{2\pi}\log\frac{1}{\delta}},$$

$$B=\frac{t_{\varepsilon}\phi_0(\delta)\frac{1}{2\pi}\log\frac{1}{\varepsilon}-\sqrt{\frac{1}{2\pi}\log\frac{1}{\varepsilon}}\,\frac{1}{2\pi}\log\frac{1}{\delta}}{\frac{1}{2\pi}\log\frac{1}{\varepsilon}-\frac{1}{2\pi}\log\frac{1}{\delta}},$$

$\eta\in C^1(\overline{B_R})$满足$0\leqslant\eta\leqslant1$，且当$|x|<\delta$时，$\eta=0$；当$2\delta\leqslant|x|\leqslant R$时，$\eta=1$，以及对足够小的$\delta>0$，有$|\nabla\eta|\leqslant\frac{2}{\delta}$。显然，$\phi_{\varepsilon}\in W_0^{1,2}(B_R)$。我们选取$t_{\varepsilon}$满足$t_{\varepsilon}\to0$，$t_{\varepsilon}^2\log\frac{1}{\varepsilon}\to+\infty$及$t_{\varepsilon}^3\log\frac{1}{\varepsilon}\to0$。经过计算，有

$$\int_{\varepsilon\leqslant|x|\leqslant\delta}|\nabla G|^2\mathrm{d}x=\frac{1}{2\pi}\log\frac{1}{\varepsilon}-\frac{1}{2\pi}\log\frac{1}{\delta},$$

进而得到

$$\begin{aligned}\int_{\varepsilon\leqslant|x|\leqslant\delta}|\nabla\phi_{\varepsilon}|^2\mathrm{d}x&=A^2\int_{\varepsilon\leqslant|x|\leqslant\delta}|\nabla G|^2\mathrm{d}x\\&=1-\frac{2t_{\varepsilon}\phi_0(\delta)}{\sqrt{\frac{1}{2\pi}\log\frac{1}{\varepsilon}}}(1+o_{\varepsilon}(1)),\end{aligned}$$

式中：$o_{\varepsilon}(1)\to0(\varepsilon\to0)$。注意到$\phi_0$是方程

$$\begin{cases}-\Delta\phi_0=\lambda_{p,\beta}|x|^{-\beta}\|\phi_0\|_{p,\beta}^{2-p}\phi_0^{p-1}\text{，在 }B_R\text{ 内，}\\\|\nabla\phi\|_2=1,\phi_0\geqslant0\text{，在 }B_R\text{ 内}\end{cases}\tag{3-3-7}$$

的非平凡解。

对上面方程运用测试函数$(\phi_0-\phi_0(2\delta))^+$，有

$$\begin{aligned}\int_{B_{2\delta}}|\nabla\phi_0|^2\mathrm{d}x&=\int_{B_R}\lambda_{p,\beta}|x|^{-\beta}\|\phi_0\|_{p,\beta}^{2-p}\phi_0^{p-1}\,(\phi_0-\phi_0(2\delta))^+\mathrm{d}x\\&\leqslant\lambda_{p,\beta}\|\phi_0\|_{p,\beta}^{2-p}\int_{B_{2\delta}}|x|^{-\beta}\phi_0^p\mathrm{d}x\end{aligned}$$

$$\leqslant \lambda_{p,\beta} \| \phi_0 \|_{p,\beta}^{2-p} [\phi_0(0)]^p \int_{B_{2\delta}} |x|^{-\beta} dx$$
$$= O(\delta^{2-\beta})。$$

由于 $\phi_0 \in C^\nu(B_R)$，则

$$\int_{\varepsilon \leqslant |x| \leqslant 2\delta} |\nabla \phi_\varepsilon|^2 dx = t_\varepsilon^2 O(\delta^\theta), \theta = \min\{2-\beta, 2\nu\}。$$

而且，在区域 $B_R \backslash B_{2\delta}$ 上 ϕ_ε 的能量估计：

$$\begin{aligned}\int_{B_R \backslash B_{2\delta}} |\nabla \phi_\varepsilon|^2 dx &= t_\varepsilon^2 \int_{B_R \backslash B_{2\delta}} |\nabla \phi_0|^2 dx \\ &= t_\varepsilon^2 \left(1 - \int_{B_{2\delta}} |\nabla \phi_0|^2 dx\right) \\ &= t_\varepsilon^2 (1 + O(\delta^{2-\beta}))。\end{aligned}$$

联立上面 3 个估计，得到

$$\int_{B_R} |\nabla \phi_\varepsilon|^2 dx = 1 - \frac{2t_\varepsilon \phi_0(\delta)}{\sqrt{\frac{1}{2\pi} \log \frac{1}{\varepsilon}}} (1 + o_\varepsilon(1)) + t_\varepsilon^2 (1 + O(\delta^\theta))。 \tag{3-3-8}$$

令 $v_\varepsilon = \frac{\phi_\varepsilon}{\| \nabla \phi_\varepsilon \|_2}$，则 $v_\varepsilon \in W_0^{1,n}(B_R)$ 且 $\| \nabla v_\varepsilon \|_2 = 1$。结合式(3-2-1)、式(3-3-8)，并注意到$\left(\int_{B_R} |x|^{-\beta} u_0^p dx\right)^{-\frac{2}{p}} = \lambda_{p,\beta}$和估计

$$\frac{1}{\| \nabla \phi_\varepsilon \|_2^2} = 1 + \frac{2t_\varepsilon \phi_0(\delta)}{\sqrt{\frac{1}{2\pi} \log \frac{1}{\varepsilon}}} (1 + o_\varepsilon(1)) - t_\varepsilon^2 (1 + O(\delta^\theta)),$$

有

$$\begin{aligned}\lambda_{p,\beta} \| v_\varepsilon \|_{p,\beta}^2 &\geqslant \frac{\lambda_{p,\beta}}{\| \nabla \phi_\varepsilon \|_2^2} \left(\int_{|x| > 2\delta} |x|^{-\beta} t_\varepsilon^p \phi_0^p dx\right)^{\frac{2}{p}} \\ &= \frac{\lambda_{p,\beta}}{\| \nabla \phi_\varepsilon \|_2^2} t_\varepsilon^2 \left(\int_{B_R} |x|^{-\beta} \phi_0^p dx - \int_{B_{2\delta}} |x|^{-\beta} \phi_0^p dx\right)^{\frac{2}{p}}\end{aligned}$$

$$
\begin{aligned}
&= \frac{t_\varepsilon^2}{\|\nabla \phi_\varepsilon\|_2^2}(1 + O(\delta^{2-\beta})) \\
&= t_\varepsilon^2(1 + O(\delta^{2-\beta})) + O(t_\varepsilon^2)。
\end{aligned}
$$

注意到，$\gamma = 4\pi\left(1 - \frac{\beta}{2}\right)$。在区域 B_ε 经过一系列计算，就可以得到

$$
\begin{aligned}
&\gamma v_\varepsilon^2(1 + \lambda_{p,\beta}\|v_\varepsilon\|_{p,\beta}^2) \\
&\quad \geqslant (2-\beta)\log\frac{1}{\varepsilon} + (4-2\beta)\sqrt{2\pi}\, t_\varepsilon \sqrt{\log\frac{1}{\varepsilon}}\phi_0(\delta)(1 + o_\varepsilon(1)) \\
&\quad + (2-\beta)t_\varepsilon^2 \log\frac{1}{\varepsilon}(O(\delta^\theta) + O(t_\varepsilon^2))。
\end{aligned}
\tag{3-3-9}
$$

取 $\delta = \frac{1}{\left(t_\varepsilon^2 \log\frac{1}{\varepsilon}\right)^{\frac{2}{\theta}}}$，则 $\frac{\varepsilon}{\delta} = o_\varepsilon(1)$，以及 $t_\varepsilon^2 \log\frac{1}{\varepsilon} O(\delta^\theta) = o_\varepsilon(1)$，而且还有 $t_\varepsilon^4 \log\frac{1}{\varepsilon} = o_\varepsilon(1)$ 和 $\phi_0(\delta) = \phi_0(0) + O(\delta^\nu)$。由于 $\frac{2\nu}{\theta} \geqslant 1$，我们有 $t_\varepsilon \sqrt{\log\frac{1}{\varepsilon}}\,\delta^\nu = o_\varepsilon(1)$。

因此，由式(3-3-9)及事实 $\int_{|x|<\varepsilon} |x|^{-\beta}\mathrm{d}x = \frac{2\pi}{2-\beta}\varepsilon^{2-\beta}$，对任意的 $\alpha \geqslant \lambda_{p,\beta}$ 时，当 $\varepsilon \to 0$ 时，

$$
\begin{aligned}
\int_{B_R} |x|^{-\beta} \mathrm{e}^{\gamma v_\varepsilon^2(1+\alpha\|v_\varepsilon\|_{p,\beta}^2)}\mathrm{d}x &\geqslant \int_{|x|\leqslant\varepsilon} |x|^{-\beta}\mathrm{e}^{\gamma v_\varepsilon^2(1+\lambda_{p,\beta}\|v_\varepsilon\|_{p,\beta}^2)}\mathrm{d}x \\
&\geqslant \frac{2\pi}{2-\beta}\mathrm{e}^{(4-2\beta)t_\varepsilon\sqrt{\log\frac{1}{\varepsilon}}\sqrt{2\pi}\,\phi_0(0)+o_\varepsilon(1)} \\
&\to +\infty。
\end{aligned}
$$

这样定理 2(2)就得证了。

第四章　Trudinger-Moser 嵌入和极值函数

本章我们考虑了 Trudinger-Moser 嵌入问题，研究了另一类带 L^p 范数的 Trudinger-Moser 不等式（不同于第三章）的极值函数存在性问题。在 §4.1 中以定理 3 的形式给出。我们采用 Blow-up 分析的方法，证明主要分为 4 步（详见 §4.1 定理 3 后的说明）。本章分为 5 节，§4.1 是定理的主要内容；证明的 4 步对应于 §4.2 至 §4.5。

§4.1　关于极值函数存在性的结果

2015 年，Y. Yang[29] 用 Blow-up 方法证明了极值函数的存在性，结果如下。设 Ω 是 $\mathbb{R}^2$ 中的有界光滑区域，$\lambda_1(\Omega)$ 是 Laplace 算子在 Dirichlet 边值条件下的第一特征值。若 $0\leqslant\alpha<\lambda_1(\Omega)$，则

$$\sup_{u\in W_0^{1,2}(\Omega),\int_\Omega(|\nabla u|^2-\alpha u^2)\mathrm{d}x\leqslant 1}\int_\Omega \mathrm{e}^{4\pi u^2}\mathrm{d}x \qquad (4-1-1)$$

可以被某些函数 u_0 所达到，其中，$u_0\in W_0^{1,2}(\Omega)\cap C^1(\bar{\Omega})$，且

$$\int_\Omega |\nabla u_0|^2\mathrm{d}x-\alpha\int_\Omega u_0^2\mathrm{d}x=1。$$

基于上述结果，我们也考虑了一类 Trudinger-Moser 嵌入的极值函数的存在性。记

$$\|u\|_{\alpha,p}=\left(\int_\Omega |\nabla u|^2\mathrm{d}x-\alpha\left(\int_\Omega |u|^p\mathrm{d}x\right)^{\frac{2}{p}}\right)^{\frac{1}{2}}。\qquad (4-1-2)$$

令

$$\lambda_p(\Omega)=\inf_{u\in W_0^{1,2}(\Omega),u\neq 0}\frac{\int_\Omega|\nabla u|^2\mathrm{d}x}{\left(\int_\Omega|u|^p\mathrm{d}x\right)^{2/p}}。\tag{4-1-3}$$

定理 3　设 Ω 是 R^2 中的一个有界区域，p 是大于 1 的常数，$\lambda_p(\Omega)$ 由式(4－1－3)定义。则对于 $0\leqslant\alpha<\lambda_p(\Omega)$，有

$$\sup_{u\in W_0^{1,2}(\Omega),\|u\|_{\alpha,p}\leqslant 1}\int_\Omega \mathrm{e}^{4\pi u^2}\mathrm{d}x\tag{4-1-4}$$

可以取得极值函数 u_0，其中，$u_0\in W_0^{1,2}(\Omega)\cap C^1(\bar{\Omega})$，且 $\|u_0\|_{\alpha,p}=1$。$\|u\|_{\alpha,p}$由式(4－1－2)定义。

显然，当 $p=2$ 时，定理 3 就是 Y. Yang[29] 的定理 1。我们的结果是 Y. Yang[29]结果的推广。

我们也将利用 Blow-up 分析的方法给出定理 3 的证明，该方法源自 L. Carleson 和 A. Chang[10]、W. Ding 等[62]、Adimurthi 和 M. Struwe[61]、Y. Li[16]、Adimurthi 和 O. Drute[20]。证明过程主要分为 4 步，分别证明下面 4 部分内容：

①对于任意固定的 $0<\varepsilon<4\pi$，存在 $u_\varepsilon\in W_0^{1,2}(\Omega)\cap C^1(\bar{\Omega})$，满足 $\|u_\varepsilon\|_{\alpha,p}=1$，当 $0\leqslant\alpha<\lambda_p(\Omega)$，有

$$\int_\Omega \mathrm{e}^{(4\pi-\varepsilon)u_\varepsilon^2}\mathrm{d}x=\sup_{u\in W_0^{1,2}(\Omega),\|u\|_{\alpha,p}\leqslant 1}\int_\Omega \mathrm{e}^{(4\pi-\varepsilon)u^2}\mathrm{d}x,$$

式中：$\|u\|_{\alpha,p}$定义为

$$\|u\|_{\alpha,p}=\left(\int_\Omega|\nabla u|^2\mathrm{d}x-\alpha\left(\int_\Omega|u|^p\mathrm{d}x\right)^{\frac{2}{p}}\right)^{\frac{1}{2}}。$$

极值函数 u_ε 满足的欧拉－拉格朗日方程为

$$\begin{cases}-\Delta u_\varepsilon-\alpha\|u_\varepsilon\|_p^{2-p}u_\varepsilon^{p-1}=\dfrac{1}{\lambda_\varepsilon}u_\varepsilon \mathrm{e}^{(4\pi-\varepsilon)u_\varepsilon^2},\text{在 }\Omega\text{ 内},\\ u_\varepsilon>0,\text{在 }\Omega\text{ 内},\\ \|u_\varepsilon\|_{\alpha,p}=1,\\ \lambda_\varepsilon=\int_\Omega u_\varepsilon^2\mathrm{e}^{(4\pi-\varepsilon)u_\varepsilon^2}\mathrm{d}x。\end{cases}$$

②假设 $c_\varepsilon = u_\varepsilon(x_\varepsilon) = \max\limits_{\Omega} u_\varepsilon$。

当 c_ε 有界时,利用椭圆估计知道 $u_\varepsilon \in C^1(\bar{\Omega})$ 中收敛于 u_0。此时 u_0 就是要找的极值函数。

当 $c_\varepsilon \to +\infty$时,构造 Blow-up 函数 $\psi_\varepsilon(x)$ 和 $\varphi_\varepsilon(x)$。证明当 $\varepsilon \to 0$ 时,$\psi_\varepsilon(x) \to 1$,在 $C^1_{\mathrm{loc}}(\mathrm{R}^2)$ 时,$\varphi_\varepsilon(x) \to \varphi(x)$,其中,$\varphi(x) = -\frac{1}{4\pi}\log(1 + \pi|x|^2)$。对任何 $1 < q < 2$,$c_\varepsilon u_\varepsilon \to G$(在 $W_0^{1,q}(\Omega)$ 中弱收敛),其 $G \in C^1(\bar{\Omega} \setminus \{x_0\})$ 中是一个 Green 函数,满足方程

$$\begin{cases} -\Delta G = \alpha \ \|G\|_p^{2-p} G^{\,p-1} + \delta_{x_0}, \text{在 } \Omega \text{ 内}, \\ G = 0, \text{在} \partial\Omega \text{ 上}。\end{cases}$$

有了这些结果,就有下面的估计:

$$\sup_{u \in W_0^{1,2}(\Omega),\ \|u\|_{\alpha,p} \leqslant 1} \int_\Omega e^{4\pi u^2} dx \leqslant |\Omega| + \pi e^{1 + 4\pi A_{x_0}}。\qquad (4-1-5)$$

③构造函数列 ϕ_ε,满足 $\phi_\varepsilon \in W_0^{1,2}(\Omega)$,$\|\phi_\varepsilon\|_{\alpha,p} = 1$,且对足够小的 $\varepsilon > 0$,有

$$\int_\Omega e^{4\pi\phi_\varepsilon^2} dx > |\Omega| + \pi e^{1 + 4\pi A_{x_0}}。\qquad (4-1-6)$$

④由式(4－1－5)和式(4－1－6),就得出了矛盾,从而说明假设 $c_\varepsilon \to +\infty$不可能发生,从而说明 c_ε 有界,这样 u_0 就是要找的极值函数。

对应上面 4 步,就是 §4.2 至 §4.5 的内容。

§4.2　次临界情形

我们先寻找次临界情形下的极值函数及极值函数满足的欧拉－拉格朗日方程。

命题 4.1　对于任意固定的 $0 < \varepsilon < 4\pi$,存在 $u_\varepsilon \in W_0^{1,2}(\Omega) \cap C^1(\bar{\Omega})$,满足 $\|u_\varepsilon\|_{\alpha,p} = 1$,当 $0 \leqslant \alpha < \lambda_p(\Omega)$ 时,有

$$\int_\Omega e^{(4\pi-\varepsilon)u_\varepsilon^2}dx = \sup_{u\in W_0^{1,2}(\Omega),\ \|u\|_{\alpha,p}\leq 1}\int_\Omega e^{(4\pi-\varepsilon)u^2}dx, \qquad (4-2-1)$$

式中：$\|u\|_{\alpha,p}$由式(4-1-2)定义。

证明　分3步来证明。

第1步，先证明：

对于任意固定的$0<\varepsilon<4\pi$，存在$u_\varepsilon\in W_0^{1,2}(\Omega)$，满足$\|u_\varepsilon\|_{\alpha,p}\leq 1$，当$0\leq\alpha<\lambda_p(\Omega)$时，式(4-2-1)成立。

由上确界的定义，在$W_0^{1,2}(\Omega)$中，我们可以选取极大化序列$\{u_k\}\in W_0^{1,2}(\Omega)$，使得

$$\|u_k\|_{\alpha,p}\leq 1, \qquad (4-2-2)$$

且有

$$\lim_{k\to+\infty}\int_\Omega e^{(4\pi-\varepsilon)u_k^2}dx = \sup_{u\in W_0^{1,2}(\Omega),\ \|u\|_{\alpha,p}\leq 1}\int_\Omega e^{(4\pi-\varepsilon)u^2}dx。 \qquad (4-2-3)$$

由$\lambda_p(\Omega)$，即式(4-1-3)的定义，可以得到

$$\|\nabla u\|_2^2\geq\lambda_p(\Omega)\|u\|_p^2,$$

再由式(4-2-2)可以得到

$$\|\nabla u_k\|_2^2\leq 1+\alpha\|u_k\|_p^2\leq 1+\frac{\alpha}{\lambda_p(\Omega)}\|\nabla u_k\|_2^2,$$

从而

$$\|\nabla u_k\|_2^2\leq\frac{\lambda_p(\Omega)}{\lambda_p(\Omega)-\alpha}。$$

结合 Poincare 不等式，可以得到$\{u_k\}$在$W_0^{1,2}(\Omega)$中有界。由于$W_0^{1,2}(\Omega)$是弱紧性的，嵌入$L^s(\Omega)(s\geq 1)$中，故在$W_0^{1,2}(\Omega)$中存在$\{u_k\}$的弱收敛的子列（以后不区分原序列和子列），使得

$$u_k\to u_\varepsilon（在\ W_0^{1,2}(\Omega)\ 中弱收敛）, \qquad (4-2-4)$$

$$u_k\to u_\varepsilon（在\ L^s(\Omega)\ 中强收敛）, \qquad (4-2-5)$$

$$u_k\to u_\varepsilon（a.\ e\ 在\ \Omega\ 内）。 \qquad (4-2-6)$$

从而,

$$\begin{aligned}0 &\leqslant \int_\Omega |\nabla(u_k - u_\varepsilon)|^2 dx \\ &= \int_\Omega |\nabla u_k|^2 dx + \int_\Omega |\nabla u_\varepsilon|^2 dx - 2\int_\Omega \nabla u_k \nabla u_\varepsilon dx \\ &= \int_\Omega |\nabla u_k|^2 dx - \int_\Omega |\nabla u_\varepsilon|^2 dx + o_k(1)。\end{aligned} \tag{4-2-7}$$

所以,

$$\int_\Omega |\nabla u_\varepsilon|^2 dx \leqslant \int_\Omega |\nabla u_k|^2 dx + o_k(1)。$$

进而有

$$\int_\Omega |\nabla u_\varepsilon|^2 dx - \alpha\left(\int_\Omega |u_\varepsilon|^p dx\right)^{\frac{2}{p}} \leqslant \int_\Omega |\nabla u_k|^2 dx - \alpha\left(\int_\Omega |u_k|^p dx\right)^{\frac{2}{p}} + o_k(1)。$$

所以,

$$\| u_\varepsilon \|_{\alpha,p}^2 \leqslant \| u_k \|_{\alpha,p}^2 + o_k(1),$$

令 $k \to +\infty$,结合式(4-2-2)得

$$\| u_\varepsilon \|_{\alpha,p}^2 \leqslant 1。 \tag{4-2-8}$$

利用中值定理,我们有

$$\begin{aligned}&\left|\int_\Omega e^{(4\pi-\varepsilon)u_k^2} dx - \int_\Omega e^{(4\pi-\varepsilon)u_\varepsilon^2} dx\right| \\ &= \left|\int_\Omega e^{\eta}(4\pi-\varepsilon)(u_k^2 - u_\varepsilon^2) dx\right| \\ &= (4\pi-\varepsilon)\left|\int_\Omega e^{\eta}(u_k + u_\varepsilon)(u_k - u_\varepsilon) dx\right| \\ &\leqslant (4\pi-\varepsilon)\int_\Omega e^{(4\pi-\varepsilon)(u_k^2+u_\varepsilon^2)} |u_k + u_\varepsilon||u_k - u_\varepsilon| dx,\end{aligned} \tag{4-2-9}$$

式中:η 介于$(4\pi-\varepsilon)u_k^2$ 和$(4\pi-\varepsilon)u_\varepsilon^2$ 之间。

对任意的 $\delta > 0$,由不等式$(a+b)^2 \leqslant (1+\delta)a^2 + \left(1+\frac{1}{\delta}\right)b^2$,得

$$(4\pi-\varepsilon)u_k^2 \leqslant (4\pi-\varepsilon)(1+\delta)(u_k - u_\varepsilon)^2 + (4\pi-\varepsilon)\left(1+\frac{1}{\delta}\right)u_\varepsilon^2。$$

选取 $\delta=\dfrac{\varepsilon}{8\pi-2\varepsilon}>0$，则

$$(4\pi-\varepsilon)u_k^2\leqslant\left(4\pi-\frac{\varepsilon}{2}\right)(u_k-u_\varepsilon)^2+\frac{32\pi^2}{\varepsilon}u_\varepsilon^2。\quad(4-2-10)$$

由式(4－2－7)，有

$$\begin{aligned}\int_\Omega|\nabla(u_k-u_\varepsilon)|^2\mathrm{d}x&\leqslant\|u_k\|_{\alpha,p}^2-\|u_\varepsilon\|_{\alpha,p}^2+o_k(1)\\&\leqslant\|u_k\|_{\alpha,p}^2+o_k(1)\\&\leqslant1+o_k(1)。\end{aligned}\quad(4-2-11)$$

从而

$$\limsup_{k\to+\infty}\int_\Omega|\nabla(u_k-u_\varepsilon)|^2\mathrm{d}x\leqslant1。$$

因此，我们可以找到正整数 k_0，满足

$$\|\nabla(u_k-u_\varepsilon)\|_2^2\leqslant\frac{4\pi-\dfrac{\varepsilon}{3}}{4\pi-\dfrac{\varepsilon}{2}},\ \forall k\geqslant k_0。$$

结合式(4－2－10)，就可以得到

$$(4\pi-\varepsilon)u_k^2\leqslant\left(4\pi-\frac{\varepsilon}{3}\right)\frac{(u_k-u_\varepsilon)^2}{\|\nabla(u_k-u_\varepsilon)\|_2^2}+\frac{32\pi^2}{\varepsilon}u_\varepsilon^2,\ \forall k\geqslant k_0。$$

(4－2－12)

注意到

$$\int_\Omega\mathrm{e}^{ru_\varepsilon^2}\mathrm{d}x<+\infty,\ \forall r>1。\quad(4-2-13)$$

取 $q=\dfrac{4\pi-\dfrac{\varepsilon}{4}}{4\pi-\dfrac{\varepsilon}{3}}>1$，由 Hölder 不等式，结合 Trudinger-Moser 不等式(1－1－3)，可以得到 $\mathrm{e}^{(4\pi-\varepsilon)u_k^2}$在 $L^q(\Omega)(q>1)$中有界。

再取

$$p_1 = \frac{4\pi - \frac{\varepsilon}{4}}{4\pi - \varepsilon} > 1,$$

由 Hölder 不等式、Trudinger-Moser 不等式(1－1－3),可以得到 $e^{(4\pi-\varepsilon)(u_k^2+u_\varepsilon^2)}$ 在 $L^{p_1}(\Omega)$ 中有界。由嵌入定理及 Minkowski 不等式,可以得到

$$\int_\Omega |u_k + u_\varepsilon|^{p_2} dx < C, C \text{ 为常数}, \forall p_2 > 1。 \tag{4-2-14}$$

再由式(4－2－5),可以得到

$$\int_\Omega |u_k - u_\varepsilon|^{p_3} dx \to 0, \forall p_3 > 1。 \tag{4-2-15}$$

由式(4－2－13)、式(4－2－14)、式(4－2－15)和式(4－2－9),可以得到 $e^{(4\pi-\varepsilon)u_k^2}$ 在 $L^1(\Omega)$ 中收敛到 $e^{(4\pi-\varepsilon)u_\varepsilon^2}$。这就证明了

$$\int_\Omega e^{(4\pi-\varepsilon)u_\varepsilon^2} dx = \lim_{k\to+\infty}\int_\Omega e^{(4\pi-\varepsilon)u_k^2} dx。 \tag{4-2-16}$$

显然,$u_\varepsilon \in W_0^{1,2}(\Omega)$。结合式(4－2－3)和式(4－2－16),我们就完成了对式(4－2－1)的证明。

第2步,证明第1步找到的极值函数 u_ε 还满足 $\| u_\varepsilon \|_{\alpha,p} = 1$。

先证明 $u_\varepsilon \neq 0$。不然,假设 $u_\varepsilon \equiv 0$,则

$$\int_\Omega e^{(4\pi-\varepsilon)u_\varepsilon^2} dx = |\Omega|, \tag{4-2-17}$$

而

$$\sup_{u\in W_0^{1,2}(\Omega),\ \|u\|_{\alpha,p}\leq 1}\int_\Omega e^{(4\pi-\varepsilon)u^2} dx > |\Omega|, \tag{4-2-18}$$

结合式(4－2－17)和式(4－2－18),发现结果与式(4－2－1)矛盾。

假设 $\| u_\varepsilon \|_{\alpha,p} < 1$。令

$$\tilde{u}_\varepsilon = \frac{u_\varepsilon}{\| u_\varepsilon \|_{\alpha,p}^2},$$

则 $\| \tilde{u}_\varepsilon \|_{\alpha,p} = 1$,且 $\tilde{u}_\varepsilon > u_\varepsilon$。

$$\sup_{u\in W_0^{1,2}(\Omega),\ \|u\|_{\alpha,p}\leqslant 1}\int_\Omega e^{(4\pi-\varepsilon)u^2}dx\geqslant\int_\Omega e^{(4\pi-\varepsilon)\tilde{u}_\varepsilon^2}dx>\int_\Omega e^{(4\pi-\varepsilon)u_\varepsilon^2}dx,$$

这与式(4－2－1)矛盾。从而说明 $\|u_\varepsilon\|_{\alpha,p}=1$。

第 3 步，先推导出 u_ε 的欧拉－拉格朗日方程，然后再对方程进行分析，利用椭圆估计说明 $u_\varepsilon\in C^1(\bar{\Omega})$。

我们先证明，下面 3 个表达式是相等的：

$$\Lambda_1=\sup_{u\in W_0^{1,2}(\Omega),\ \|u\|_{\alpha,p}\leqslant 1}\int_\Omega e^{(4\pi-\varepsilon)u^2}dx;$$

$$\Lambda_2=\sup_{u\in W_0^{1,2}(\Omega),\ \|u\|_{\alpha,p}\leqslant 1,u\geqslant 0}\int_\Omega e^{(4\pi-\varepsilon)u^2}dx;$$

$$\Lambda_3=\sup_{u\in W_0^{1,2}(\Omega),\ \|u\|_{\alpha,p}=1,u\geqslant 0}\int_\Omega e^{(4\pi-\varepsilon)u^2}dx。$$

显然只要证明 $\Lambda_1\leqslant\Lambda_2\leqslant\Lambda_3$ 即可。

$\forall u\in W_0^{1,2}(\Omega)$，$\|u\|_{\alpha,p}\leqslant 1$，则 $|u|\in W_0^{1,2}(\Omega)$，且

$$\int_\Omega|\nabla|u||^2dx\leqslant\int_\Omega|\nabla u|^2dx。$$

从而，

$$\||u|\|_{\alpha,p}\leqslant\|u\|_{\alpha,p}\leqslant 1,$$

$$\int_\Omega e^{(4\pi-\varepsilon)u^2}dx=\int_\Omega e^{(4\pi-\varepsilon)|u|^2}dx\leqslant\sup_{|u|\in W_0^{1,2}(\Omega),\ \||u|\|_{\alpha,p}\leqslant 1}\int_\Omega e^{(4\pi-\varepsilon)|u|^2}dx=\Lambda_2,$$

所以，

$$\sup_{u\in W_0^{1,2}(\Omega),\ \|u\|_{\alpha,p}\leqslant 1}\int_\Omega e^{(4\pi-\varepsilon)u^2}dx\leqslant\Lambda_2,$$

即 $\Lambda_1\leqslant\Lambda_2$。

$$\forall u\in W_0^{1,2}(\Omega),\ \|u\|_{\alpha,p}\leqslant 1,u\geqslant 0,令\ \tilde{u}=\frac{u}{\|u\|_{\alpha,p}},$$

则

$$\|\tilde{u}\|_{\alpha,p}=1,\tilde{u}\geqslant 0,u\leqslant\tilde{u}。$$

从而，

$$\int_\Omega e^{(4\pi-\varepsilon)u^2}dx \leqslant \int_\Omega e^{(4\pi-\varepsilon)\tilde{u}^2}dx \leqslant \sup_{u\in W_0^{1,2}(\Omega),\ \|u\|_{\alpha,p}\leqslant 1,\ u\geqslant 0}\int_\Omega e^{(4\pi-\varepsilon)u^2}dx,$$

所以，

$$\sup_{u\in W_0^{1,2}(\Omega),\ \|u\|_{\alpha,p}\leqslant 1,\ u\geqslant 0}\int_\Omega e^{(4\pi-\varepsilon)u^2}dx \leqslant \Lambda_3,$$

即 $\Lambda_2 \leqslant \Lambda_3$。

下面我们只需要讨论 $u\geqslant 0$ 即可。$\forall \varphi\in C_0^\infty(\Omega)$，

$$\left.\frac{d}{dt}\right|_{t=0}\left[\int_\Omega e^{(4\pi-\varepsilon)(u_\varepsilon+t\varphi)^2}dx - \lambda(\|u_\varepsilon+t\phi\|_{\alpha,p}^2-1)\right]=0。\tag{4-2-19}$$

经过简单的计算，表明极值函数 u_ε 满足的欧拉－拉格朗日方程为

$$\begin{cases} -\Delta u_\varepsilon - \alpha\|u_\varepsilon\|_p^{2-p}u_\varepsilon^{p-1} = \dfrac{1}{\lambda_\varepsilon}u_\varepsilon e^{(4\pi-\varepsilon)u_\varepsilon^2},\text{在 }\Omega\text{ 内}, \\ u_\varepsilon>0,\text{在 }\Omega\text{ 内}, \\ \|u_\varepsilon\|_{\alpha,p}^2=1, \\ \lambda_\varepsilon=\int_\Omega u_\varepsilon^2 e^{(4\pi-\varepsilon)u_\varepsilon^2}dx。\end{cases}\tag{4-2-20}$$

下面证明 $u_\varepsilon\in C^1(\bar{\Omega})$。

$\forall u\in W_0^{1,2}(\Omega)$，$\|u\|_{\alpha,p}\leqslant 1$，由控制收敛定理有，

$$\int_\Omega e^{4\pi u^2}dx = \lim_{\varepsilon\to 0}\int_\Omega e^{(4\pi-\varepsilon)u^2}dx \leqslant \lim_{\varepsilon\to 0}\sup_{u\in W_0^{1,2}(\Omega),\ \|u\|_{\alpha,p}\leqslant 1}\int_\Omega e^{(4\pi-\varepsilon)u^2}dx,$$

所以，

$$\sup_{u\in W_0^{1,2}(\Omega),\ \|u\|_{\alpha,p}\leqslant 1}\int_\Omega e^{4\pi u^2}dx \leqslant \lim_{\varepsilon\to 0}\sup_{u\in W_0^{1,2}(\Omega),\ \|u\|_{\alpha,p}\leqslant 1}\int_\Omega e^{(4\pi-\varepsilon)u^2}dx。\tag{4-2-21}$$

另一方面，

$$\sup_{u\in W_0^{1,2}(\Omega),\ \|u\|_{\alpha,p}\leqslant 1}\int_\Omega e^{(4\pi-\varepsilon)u^2}dx \leqslant \sup_{u\in W_0^{1,2}(\Omega),\ \|u\|_{\alpha,p}\leqslant 1}\int_\Omega e^{4\pi u^2}dx,$$

$$\lim_{\varepsilon\to 0}\sup_{u\in W_0^{1,2}(\Omega),\|u\|_{\alpha,p}\leqslant 1}\int_\Omega e^{(4\pi-\varepsilon)u^2}dx\leqslant\sup_{u\in W_0^{1,2}(\Omega),\|u\|_{\alpha,p}\leqslant 1}\int_\Omega e^{4\pi u^2}dx。\tag{4-2-22}$$

结合式(4-2-21)和式(4-2-22),就有

$$\lim_{\varepsilon\to 0}\sup_{u\in W_0^{1,2}(\Omega),\|u\|_{\alpha,p}\leqslant 1}\int_\Omega e^{(4\pi-\varepsilon)u^2}dx=\sup_{u\in W_0^{1,2}(\Omega),\|u\|_{\alpha,p}\leqslant 1}\int_\Omega e^{4\pi u^2}dx。\tag{4-2-23}$$

由于当 $t\geqslant 0$ 时,$e^t\leqslant 1+te^t$,有

$$\begin{aligned}\int_\Omega e^{(4\pi-\varepsilon)u_\varepsilon^2}dx&\leqslant|\Omega|+(4\pi-\varepsilon)\int_\Omega u_\varepsilon^2e^{(4\pi-\varepsilon)u_\varepsilon^2}dx\\&\leqslant|\Omega|+(4\pi-\varepsilon)\lambda_\varepsilon。\end{aligned}$$

再由式(4-2-1),就有

$$\sup_{u\in W_0^{1,2}(\Omega),\|u\|_{\alpha,p}\leqslant 1}\int_\Omega e^{(4\pi-\varepsilon)u^2}dx\leqslant|\Omega|+(4\pi-\varepsilon)\lambda_\varepsilon。$$

再利用式(4-2-23),就得到了$\lim\limits_{\varepsilon\to 0}\inf\lambda_\varepsilon>0$。再由 Hölder 不等式可得 $u_\varepsilon e^{(4\pi-\varepsilon)u_\varepsilon^2}$在 $L^r(\Omega)(r>1)$中有界,$\frac{1}{\lambda_\varepsilon}u_\varepsilon e^{(4\pi-\varepsilon)u_\varepsilon^2}$在 $L^r(\Omega)(r>1)$中有界。注意到,α 和 $\|u_\varepsilon\|_p^{2-p}$ 为常数,u_ε^{p-1} 在 $L^s(\Omega)((p-1)s>1)$中有界,从而 $\|u_\varepsilon\|_p^{2-p}u_\varepsilon^{p-1}$ 在 $L^s(\Omega)(s>1)$中有界。因此,由椭圆估计有 $u_\varepsilon\in C^1(\bar{\Omega})$。这样,命题 4.1 证明完毕。

§4.3 Blow-up 分析

本部分主要利用§4.1 中次临界情形中找到的极值函数来分析临界时候的情形,我们按照极值函数分两种情形来分析:一致有界、无界情形。对于无界情形,采用的方法是分析 Blow-up 点附近的收敛性。通过构造测试函数找出矛盾,从而说明无界情形不会发生。

假设 $c_\varepsilon=u_\varepsilon(x_\varepsilon)=\max\limits_\Omega u_\varepsilon$。

情形 1 设 u_ε 一致有界,即当 $\varepsilon\to 0$ 时,$\{c_\varepsilon\}$ 是一致有界序列。

由于 $u_\varepsilon\in C^1(\bar{\Omega})$,不妨设在 $C^1(\bar{\Omega})$ 中,$u_\varepsilon\to u_0$。由 $\|u_\varepsilon\|_{\alpha,p}^2=1$,得

$$\|u_0\|_{\alpha,p}=\lim_{\varepsilon\to 0}\|u_\varepsilon\|_{\alpha,p}=1。$$

由于 $u_\varepsilon\leqslant c_\varepsilon\leqslant C$,从而由控制收敛定理有

$$\lim_{\varepsilon\to 0}\int_\Omega e^{(4\pi-\varepsilon)u_\varepsilon^2}dx=\int_\Omega e^{4\pi u_0^2}dx。\qquad(4-3-1)$$

下面说明 u_0 就是所找的函数。对任意的 $u\in W_0^{1,2}(\Omega)$,满足 $\|u\|_{\alpha,p}\leqslant 1$,由式(4-2-1)和式(4-3-1),有

$$\int_\Omega e^{4\pi u^2}dx\leqslant\lim_{\varepsilon\to 0}\int_\Omega e^{(4\pi-\varepsilon)u^2}dx\leqslant\lim_{\varepsilon\to 0}\sup_{u\in W_0^{1,2}(\Omega),\|u\|_{\alpha,p}\leqslant 1}\int_\Omega e^{(4\pi-\varepsilon)u^2}dx$$

$$=\lim_{\varepsilon\to 0}\int_\Omega e^{(4\pi-\varepsilon)u_\varepsilon^2}dx=\int_\Omega e^{4\pi u_0^2}dx,$$

所以,

$$\sup_{u\in W_0^{1,2}(\Omega),\|u\|_{\alpha,p}\leqslant 1}\int_\Omega e^{4\pi u^2}dx\leqslant\int_\Omega e^{4\pi u_0^2}dx。$$

这就意味着

$$\int_\Omega e^{4\pi u_0^2}dx=\sup_{u\in W_0^{1,2}(\Omega),\|u\|_{\alpha,p}\leqslant 1}\int_\Omega e^{4\pi u^2}dx。\qquad(4-3-2)$$

类似于 §4.2 中的计算步骤,经过简单的计算,我们可以得到 u_0 的欧拉-拉格朗日方程,运用椭圆估计,可以得到 $u_0\in C^1(\bar{\Omega})$。这样在 u_ε 一致有界的情形下,定理 3 得证。

情形 2 假设当 $\varepsilon\to 0$ 时,$c_\varepsilon\to+\infty$,且 $x_\varepsilon\to x_0\in\bar{\Omega}$。由 B. Gidas 等[64]的结果,$x_\varepsilon$ 与 $\partial\Omega$ 的距离一定比 $\delta>0$ 大,仅依赖于 Ω,从而,$x_0\notin\partial\Omega$。因此,我们假定 $x_0\in\Omega$。先证明下面结果。

命题 4.2 对于序列 $\{u_\varepsilon\}$,有

$$u_\varepsilon\rightharpoonup 0(在 W_0^{1,2}(\Omega)中弱收敛),\qquad(4-3-3)$$

$$u_\varepsilon\to 0(在 L^q(\Omega)中强收敛,\forall q\geqslant 1)。\qquad(4-3-4)$$

证明 由 $\lambda_p(\Omega)$ 的定义式(4-1-3),有 $\|\nabla u\|_2^2\geqslant\lambda_p(\Omega)\|u\|_p^2$,再

由 $\|u_\varepsilon\|_{\alpha,p}=1$ 可以得到

$$\|\nabla u_\varepsilon\|_2^2=1+\alpha\|u_\varepsilon\|_p^2\leqslant 1+\frac{\alpha}{\lambda_p(\Omega)}\|\nabla u_\varepsilon\|_2^2,$$

从而

$$\|\nabla u_\varepsilon\|_2^2\leqslant\frac{\lambda_p(\Omega)}{\lambda_p(\Omega)-\alpha}。$$

再利用 Poincare 不等式，可以得到 $\{u_\varepsilon\}$ 在 $W_0^{1,2}(\Omega)$ 中有界。由于 $W_0^{1,2}(\Omega)$ 具有弱紧性，嵌入 $L^s(\Omega)(s\geqslant 1)$ 中，故在 $W_0^{1,2}(\Omega)$ 中存在 $\{u_\varepsilon\}$ 的弱收敛的子列（不区分原序列和子列），故设

$$u_\varepsilon\to u_0（在 W_0^{1,2}(\Omega) 中弱收敛），\tag{4-3-5}$$

$$u_\varepsilon\to u_0（在 L^s(\Omega) 中强收敛，s\geqslant 1），\tag{4-3-6}$$

$$u_\varepsilon\to u_0（a.\ e 在 \Omega 内）。\tag{4-3-7}$$

我们先证明 $u_0\equiv 0$。这是因为，如果 $u_0\neq 0$，则

$$\begin{aligned}\int_\Omega|\nabla(u_\varepsilon-u_0)|^2\mathrm{d}x&=\int_\Omega|\nabla u_\varepsilon|^2\mathrm{d}x+\int_\Omega|\nabla u_0|^2\mathrm{d}x-2\int_\Omega\nabla u_\varepsilon\nabla u_0\mathrm{d}x\\&=\int_\Omega|\nabla u_\varepsilon|^2\mathrm{d}x-\int_\Omega|\nabla u_0|^2\mathrm{d}x+o_\varepsilon(1)\\&=\int_\Omega|\nabla u_\varepsilon|^2\mathrm{d}x-\alpha\left(\int_\Omega|u_\varepsilon|^p\mathrm{d}x\right)^{\frac{2}{p}}-\\&\quad\left(\int_\Omega|\nabla u_0|^2\mathrm{d}x-\alpha\left(\int_\Omega|u_0|^p\mathrm{d}x\right)^{\frac{2}{p}}\right)+o_\varepsilon(1)\\&=1-\|u_0\|_{\alpha,p}^2+o_\varepsilon(1)。\end{aligned}$$

这样，$\limsup\limits_{\varepsilon\to 0}\int_\Omega|\nabla(u_\varepsilon-u_0)|^2\mathrm{d}x=1-\|u_0\|_{\alpha,p}^2$。

所以，当 ε 足够小时，

$$\int_\Omega|\nabla(u_\varepsilon-u_0)|^2\mathrm{d}x\leqslant 1-\|u_0\|_{\alpha,p}^2+\frac{1}{2}\|u_0\|_{\alpha,p}^2<1。$$

从而我们可以选取适当的 $r>1,1+\delta>1,mu>1,\mu'>1,\frac{1}{\mu}+\frac{1}{\mu'}=1$，

$(4\pi-\varepsilon)r(1+\delta)\mu\ \|\nabla(u_\varepsilon-u_0)\|_2^2<4\pi$，利用 Young 不等式、Hölder 不等式及 Trudinger-Moser 不等式(1-1-3)，有

$$\begin{aligned}\int_\Omega \mathrm{e}^{(4\pi-\varepsilon)ru_\varepsilon^2}\mathrm{d}x &= \int_\Omega \mathrm{e}^{(4\pi-\varepsilon)r(u_\varepsilon-u_0+u_0)^2}\mathrm{d}x\\ &\leqslant \int_\Omega \mathrm{e}^{\left(4\pi-\varepsilon)r((1+\delta)(u_\varepsilon-u_0)^2+\left(1+\frac{1}{\delta}\right)u_0^2\right)}\mathrm{d}x\\ &\leqslant \int_\Omega \mathrm{e}^{(4\pi-\varepsilon)r(1+\delta)(u_\varepsilon-u_0)^2}\mathrm{e}^{(4\pi-\varepsilon)r\left(1+\frac{1}{\delta}\right)u_0^2}\mathrm{d}x\\ &\leqslant \left(\int_\Omega \mathrm{e}^{(4\pi-\varepsilon)r(1+\delta)\mu(u_\varepsilon-u_0)^2}\mathrm{d}x\right)^{\frac{1}{\mu}}\left(\int_\Omega \mathrm{e}^{(4\pi-\varepsilon)\mu' r\left(1+\frac{1}{\delta}\right)u_0^2}\mathrm{d}x\right)^{\frac{1}{\mu'}}\\ &\leqslant C\left(\int_\Omega \mathrm{e}^{(4\pi-\varepsilon)r(1+\delta)\mu\|\nabla(u_\varepsilon-u_0)\|_2^2\left(\frac{u_\varepsilon-u_0}{\|\nabla(u_\varepsilon-u_0)\|_2}\right)^2}\mathrm{d}x\right)^{\frac{1}{\mu}}。\end{aligned}$$

从而 $e^{(4\pi-\varepsilon)u_\varepsilon^2}$ 在 $L^r(\Omega)$ 中有界，其中 $r>1$ 固定。由 §4.1 知，$\lambda_\varepsilon>0$，$\|u_\varepsilon\|_p^{2-p}u_\varepsilon^{p-1}$ 在 $L^q(\Omega)$ 中有界$\left(1<q<\dfrac{p}{p-1}\right)$。对欧拉 - 拉格朗日方程(4-2-20)运用椭圆估计，$W^{2,q}(\Omega)$ 嵌入 $C^\alpha(\Omega)(0<\alpha<1)$，紧嵌入 $C^0(\bar{\Omega})$。从而，$\{u_\varepsilon\}$ 在 $W_0^{1,2}(\Omega)$ 内一致有界，这与 $c_\varepsilon\to+\infty$ 矛盾。

命题 4.3 对于序列 $\{u_\varepsilon\}$，在测度意义下，当 $\varepsilon\to0$，$|\nabla u_\varepsilon|^2\mathrm{d}x\to\delta_{x_0}$（弱收敛），其中 δ_{x_0} 是 Dirac 函数。

证明 注意到 $\|u_\varepsilon\|_{\alpha,p}=1$，以及在 $L^r(\Omega)(r>1)$ 中 $u_\varepsilon\to0$，因此

$$\int_\Omega|\nabla u_\varepsilon|^2\mathrm{d}x=1+\alpha\left(\int_\Omega u_\varepsilon^p\mathrm{d}x\right)^{\frac{2}{p}}=1+o_\varepsilon(1)。$$

从而，$\lim\limits_{\varepsilon\to0}\int_\Omega|\nabla u_\varepsilon|^2\mathrm{d}x=1$。

下面用反证法证明。假设在测度意义下，当 $\varepsilon\to0$ 时，$|\nabla u_\varepsilon|^2\mathrm{d}x\to\kappa$，且 $\kappa\neq\delta_{x_0}$，则一定存在 r_0，满足 $B_{r_0}(x_0)\subset\Omega$，使得 $\int_{B_{r_0}(x_0)}|\nabla u_\varepsilon|^2\mathrm{d}x<1$（$\varepsilon$ 足够小）。我们取截断函数 $\phi\in C_0^1(\Omega)$，满足 $x\in B_{\frac{r_0}{2}}(x_0)$ 时，$\phi=1$；$x\in B_{r_0}(x_0)\backslash B_{\frac{r_0}{2}}(x_0)$ 时，$0<\phi<1$；$x\in\Omega\backslash B_{r_0}(x_0)$ 时，$\phi=0$。经过简单的计算，我

们有$\int_{B_{r_0}(x_0)} |\nabla(\phi u_\varepsilon)|^2 dx < 1$（$\varepsilon$ 足够小）。由 Trudinger-Moser 不等式(1-1-3)，$e^{(4\pi-\varepsilon)(\phi u_\varepsilon)^2}$在 $L^s(B_{r_0}(x_0))$中有界，其中 $s>1$ 固定。对 ϕu_ε 的欧拉-拉格朗日方程运用椭圆估计，知 u_ε 在 $B_{\frac{r_0}{2}}(x_0)$中有界，从而与 $c_\varepsilon \to +\infty$矛盾。因此 $\kappa=\delta_{x_0}$，即$|\nabla u_\varepsilon|^2 dx \to \delta_{x_0}$（弱收敛）（当 $\varepsilon\to 0$ 时）。命题4.3 证明完毕。

取常数 $r_\varepsilon = \sqrt{\lambda_\varepsilon} c_\varepsilon^{-1} e^{-\left(2\pi-\frac{\varepsilon}{2}\right)c_\varepsilon^2}$，则由式(4-2-20)可得

$$
\begin{aligned}
\lambda_\varepsilon &= \int_\Omega u_\varepsilon^2 e^{(4\pi-\varepsilon)u_\varepsilon^2} dx = \int_\Omega u_\varepsilon^2 e^{\delta u_\varepsilon^2} e^{(4\pi-\varepsilon-\delta)u_\varepsilon^2} dx \\
&\leqslant \int_\Omega u_\varepsilon^2 e^{\delta c_\varepsilon^2} e^{(4\pi-\varepsilon-\delta)u_\varepsilon^2} dx = e^{\delta c_\varepsilon^2} \int_\Omega u_\varepsilon^2 e^{(4\pi-\varepsilon-\delta)u_\varepsilon^2} dx。 \quad (4-3-8)
\end{aligned}
$$

选取 q_1，满足 $q_1>1$，且$(4\pi-\varepsilon-\delta)q_1<4\pi$，$\frac{1}{q_1}+\frac{1}{q_2}=1$，由 Hölder 不等式和 Trudinger-Moser 不等式有

$$
\int_\Omega u_\varepsilon^2 e^{(4\pi-\varepsilon-\delta)u_\varepsilon^2} dx \leqslant \left(\int_\Omega u_\varepsilon^{2q_2} dx\right)^{\frac{1}{q_2}} \left(\int_\Omega e^{(4\pi-\varepsilon-\delta)q_1 u_\varepsilon^2} dx\right)^{\frac{1}{q_1}} \leqslant C。
$$

从而，$\lambda_\varepsilon \leqslant C e^{\delta c_\varepsilon^2}$，其中 C 仅依赖于常数 δ。

$$
\begin{aligned}
r_\varepsilon^2 c_\varepsilon^2 &= \lambda_\varepsilon c_\varepsilon^{-2} e^{-(4\pi-\varepsilon)c_\varepsilon^2} c_\varepsilon^2 = \lambda_\varepsilon e^{-(4\pi-\varepsilon)c_\varepsilon^2} \\
&\leqslant C e^{-(4\pi-\varepsilon-\delta)c_\varepsilon^2} \to 0 \quad （当 \varepsilon\to 0）。 \quad (4-3-9)
\end{aligned}
$$

令 $\Omega_\varepsilon = \{x\in \mathbb{R}^2 : x_\varepsilon + r_\varepsilon x \in \Omega\}$。显然，当 $\varepsilon\to 0$ 时，$\Omega_\varepsilon \to \mathbb{R}^2$。在 Ω_ε 上定义两个 Blow-up 函数：

$$
\psi_\varepsilon(x) = \frac{u_\varepsilon(x_\varepsilon + r_\varepsilon x)}{c_\varepsilon}, \quad (4-3-10)
$$

$$
\varphi_\varepsilon(x) = c_\varepsilon(u_\varepsilon(x_\varepsilon + r_\varepsilon x) - c_\varepsilon)。 \quad (4-3-11)
$$

由 $\psi_\varepsilon(x)$的定义，得

$$
\Delta\psi_\varepsilon = c_\varepsilon^{-1} r_\varepsilon^2 \Delta u_\varepsilon, u_\varepsilon^{p-1} = c_\varepsilon^{p-1}\psi_\varepsilon^{p-1},
$$

注意到 $r_\varepsilon = \sqrt{\lambda_\varepsilon} c_\varepsilon^{-1} e^{-\left(2\pi-\frac{\varepsilon}{2}\right)c_\varepsilon^2}$，经计算可得 $\psi_\varepsilon(x)$的欧拉-拉格朗日方程

$$-\Delta\psi_\varepsilon=\alpha c_\varepsilon^{p-2}r_\varepsilon^2\ \|u_\varepsilon\|_p^{2-p}\psi_\varepsilon^{p-1}+c_\varepsilon^{-2}\psi_\varepsilon \mathrm{e}^{(4\pi-\varepsilon)(u_\varepsilon^2-c_\varepsilon^2)},\text{在 }\Omega_\varepsilon\text{ 内。} \tag{4-3-12}$$

再由 $\varphi_\varepsilon(x)$ 的定义,计算可得 $\varphi_\varepsilon(x)$ 满足的欧拉－拉格朗日方程

$$-\Delta\varphi_\varepsilon=\alpha c_\varepsilon^{p}r_\varepsilon^2\ \|u_\varepsilon\|_p^{2-p}\psi_\varepsilon^{p-1}+\psi_\varepsilon \mathrm{e}^{(4\pi-\varepsilon)\varphi_\varepsilon(\psi_\varepsilon+1)},\text{在 }\Omega_\varepsilon\text{ 内。} \tag{4-3-13}$$

下面考虑 $\psi_\varepsilon(x)$ 和 $\varphi_\varepsilon(x)$ 的收敛性。

$$\begin{aligned}
&\left(\int_{B_R(0)}(c_\varepsilon^p r_\varepsilon^2\ \|u_\varepsilon\|_p^{2-p}\psi_\varepsilon^{p-1})^{\frac{p}{p-1}}\mathrm{d}x\right)^{\frac{p-1}{p}}\\
&=c_\varepsilon^p r_\varepsilon^2\ \|u_\varepsilon\|_p^{2-p}\left(\int_{B_R(0)}(\psi_\varepsilon(x))^p\mathrm{d}x\right)^{\frac{p-1}{p}}\\
&=c_\varepsilon r_\varepsilon^2\ \|u_\varepsilon\|_p^{2-p}\left(\int_{B_R(0)}(u_\varepsilon(x_\varepsilon+r_\varepsilon x))^p\mathrm{d}x\right)^{\frac{p-1}{p}}\\
&=c_\varepsilon r_\varepsilon^{\frac{2}{p}}\ \|u_\varepsilon\|_p^{2-p}\left(\int_{B_{Rr_\varepsilon}(x_\varepsilon)}(u_\varepsilon(y))^p\mathrm{d}y\right)^{\frac{p-1}{p}}\\
&\leqslant c_\varepsilon r_\varepsilon^{\frac{2}{p}}\ \|u_\varepsilon\|_p^{2-p}\left(\int_{\Omega}(u_\varepsilon(y))^p\mathrm{d}y\right)^{\frac{p-1}{p}}\\
&=c_\varepsilon r_\varepsilon^{\frac{2}{p}}\ \|u_\varepsilon\|_p\to 0(\text{当 }\varepsilon\to 0)。
\end{aligned}$$

再结合 $c_\varepsilon\to+\infty$,得到

$$\left(\int_{B_R(0)}(c_\varepsilon^{p-2} r_\varepsilon^2\ \|u_\varepsilon\|_p^{2-p}\psi_\varepsilon^{p-1})^{\frac{p}{p-1}}\mathrm{d}x\right)^{\frac{p-1}{p}}\to 0(\text{当 }\varepsilon\to 0)。 \tag{4-3-14}$$

由 $\psi_\varepsilon(x)$ 的定义,得 $\|\psi_\varepsilon(x)\|_{L^\infty}=1$。且 $u_\varepsilon\leqslant c_\varepsilon$,所以,当 $\varepsilon\to 0$ 时,$c_\varepsilon^{-2}\psi_\varepsilon \mathrm{e}^{(4\pi-\varepsilon)(u_\varepsilon^2-c_\varepsilon^2)}\to 0$。从而由椭圆估计得:在 $C_{\mathrm{loc}}^1(\mathrm{R}^2)$,$\psi_\varepsilon(x)\to\psi(x)$,以及在 R^2 上 $-\Delta\psi=0$。注意到 $\psi(0)=\lim\limits_{\varepsilon\to 0}\psi_\varepsilon(0)=1$,从而由刘维尔(Liouville)定理,可以得到在 R^2 中,$\psi(x)\equiv 1$。因此,在 $C_{\mathrm{loc}}^1(\mathrm{R}^2)$ 中,$\psi_\varepsilon(x)\to 1$。

由于

$$u_\varepsilon^2(x_\varepsilon + r_\varepsilon x) - c_\varepsilon^2 = c_\varepsilon^2(\psi_\varepsilon^2 - 1) = c_\varepsilon^2(2(\psi_\varepsilon - 1) + O((\psi_\varepsilon - 1)^2))$$
$$= 2\varphi_\varepsilon(x) + O_\varepsilon(\varphi_\varepsilon(x)),$$

$\varphi_\varepsilon(x)$非正，由 Harnack 不等式，可以得到$\varphi_\varepsilon(x)$在$L^\infty(\mathrm{B}_{R/2})$中有界。从而$\varphi_\varepsilon(x)$在$C^{1,\mu}(\mathrm{B}_{R/4})$中有界$(0<\mu<1)$。从而存在$\varphi(x)$，使得在$C^1(\mathrm{B}_{R/8})$中，$\varphi_\varepsilon(x)\to\varphi(x)$。令$R\to+\infty$，则在$C^1_{\mathrm{loc}}(\mathrm{R}^2)$中，当$\varepsilon\to 0$时，$\varphi_\varepsilon(x)\to\varphi(x)$。

结合式(4-3-13)，经计算可得$\varphi(x)$满足方程

$$\begin{cases} -\Delta G = \mathrm{e}^{8\pi\varphi}, 在 \mathrm{R}^2 内, \\ \varphi(0) = 0 = \sup\limits_{\mathrm{R}^2}\varphi, \\ \int_{\mathrm{R}^2} \mathrm{e}^{8\pi\varphi}\mathrm{d}x \leqslant 1。 \end{cases} \tag{4-3-15}$$

通过解一个相应的常微分方程（W. Chen 和 C. Li[65]），得

$$\varphi(x) = -\frac{1}{4\pi}\log(1+\pi|x|^2)$$

且$\int_{\mathrm{R}^2}\mathrm{e}^{8\pi\varphi}\mathrm{d}x = 1$。

类似于 Y. Li[16]、Adimurthi 和 O. Druet[20]，我们定义$u_{\varepsilon,\gamma} = \min\{u_\varepsilon, \gamma c_\varepsilon\}$，$0<\gamma<1$。关于$u_{\varepsilon,\gamma}$，我们有下面的结果。

命题 4.4　对于任意的$0<\gamma<1$，我们有

$$\lim_{\varepsilon\to 0}\int_\Omega |\nabla u_{\varepsilon,\gamma}|^2\mathrm{d}x = \gamma。 \tag{4-3-16}$$

证明　由于当$\varepsilon\to 0$时，$\psi_\varepsilon(x)\to 1$，且$\psi_\varepsilon(x) = \frac{u_\varepsilon}{c_\varepsilon}$。在$\mathrm{B}_{Rr_\varepsilon}(x_\varepsilon)$上$\frac{u_\varepsilon}{c_\varepsilon}\to 1>\gamma(\varepsilon\to 0)$，从而$u_\varepsilon>\gamma c_\varepsilon$。此时，$u_{\varepsilon,\gamma} = \gamma c_\varepsilon$。

一方面，由于

$$\int_\Omega |\nabla(u_\varepsilon - \gamma c_\varepsilon)^+|^2\mathrm{d}x = \int_\Omega \nabla(u_\varepsilon - \gamma c_\varepsilon)^+ \cdot \nabla u_\varepsilon \mathrm{d}x$$
$$= -\int_\Omega (u_\varepsilon - \gamma c_\varepsilon)^+ \cdot \Delta u_\varepsilon \mathrm{d}x$$

$$
\begin{aligned}
&=\int_{\Omega}(u_\varepsilon-\gamma c_\varepsilon)^+\cdot\left(\alpha\|u_\varepsilon\|_p^{2-p}u_\varepsilon^{p-1}+\frac{1}{\lambda_\varepsilon}u_\varepsilon e^{(4\pi-\varepsilon)u_\varepsilon^2}\right)dx\\
&\geqslant\int_{B_{Rr_\varepsilon(x_\varepsilon)}}(u_\varepsilon-\gamma c_\varepsilon)\cdot\left(\alpha\|u_\varepsilon\|_p^{2-p}u_\varepsilon^{p-1}+\frac{1}{\lambda_\varepsilon}u_\varepsilon e^{(4\pi-\varepsilon)u_\varepsilon^2}\right)dx\\
&=\int_{B_{Rr_\varepsilon(x_\varepsilon)}}(u_\varepsilon-\gamma c_\varepsilon)\alpha\|u_\varepsilon\|_p^{2-p}u_\varepsilon^{p-1}dx\\
&+\int_{B_{Rr_\varepsilon(x_\varepsilon)}}(u_\varepsilon-\gamma c_\varepsilon)\frac{1}{\lambda_\varepsilon}u_\varepsilon e^{(4\pi-\varepsilon)u_\varepsilon^2}dx。
\end{aligned}
\tag{4-3-17}
$$

而

$$
\begin{aligned}
\int_{B_{Rr_\varepsilon(x_\varepsilon)}}(u_\varepsilon-\gamma c_\varepsilon)\alpha\|u_\varepsilon\|_p^{2-p}u_\varepsilon^{p-1}dx&\leqslant\alpha\|u_\varepsilon\|_p^{2-p}\int_{B_{Rr_\varepsilon(x_\varepsilon)}}u_\varepsilon^p dx\\
&\leqslant\alpha\|u_\varepsilon\|_p^{2-p}\int_\Omega u_\varepsilon^p dx\\
&\leqslant\alpha\|u_\varepsilon\|_p^2\to0(\text{当 }\varepsilon\to0),
\end{aligned}
\tag{4-3-18}
$$

以及

$$
\begin{aligned}
&\int_{B_{Rr_\varepsilon(x_\varepsilon)}}(u_\varepsilon-\gamma c_\varepsilon)\frac{1}{\lambda_\varepsilon}u_\varepsilon e^{(4\pi-\varepsilon)u_\varepsilon^2}dx\\
&=\frac{1}{\lambda_\varepsilon}\int_{B_{Rr_\varepsilon(x_\varepsilon)}}u_\varepsilon^2e^{(4\pi-\varepsilon)u_\varepsilon^2}dx-\frac{\gamma}{\lambda_\varepsilon}\int_{B_{Rr_\varepsilon(x_\varepsilon)}}\frac{c_\varepsilon}{u_\varepsilon}u_\varepsilon^2e^{(4\pi-\varepsilon)u_\varepsilon^2}dx\\
&\to(1-\gamma)\frac{1}{\lambda_\varepsilon}\int_{B_{Rr_\varepsilon(x_\varepsilon)}}u_\varepsilon^2e^{(4\pi-\varepsilon)u_\varepsilon^2}dx\\
&\to(1-\gamma)\frac{1}{\lambda_\varepsilon}\int_{B_{R(0)}}e^{8\pi\varphi}dx。
\end{aligned}
\tag{4-3-19}
$$

其中,式(4-3-19)最后一步的计算如下。

令 $y=x_\varepsilon+r_\varepsilon x$,则 $dy=r_\varepsilon^2dx$。

$$
\frac{1}{\lambda_\varepsilon}\int_{B_{Rr_\varepsilon(x_\varepsilon)}}u_\varepsilon^2(y)e^{(4\pi-\varepsilon)u_\varepsilon^2(y)}dy=\frac{1}{\lambda_\varepsilon}\int_{B_{Rr_\varepsilon(x_\varepsilon)}}u_\varepsilon^2(x_\varepsilon+r_\varepsilon x)e^{(4\pi-\varepsilon)u_\varepsilon^2(x_\varepsilon+r_\varepsilon x)}r_\varepsilon^2dx
$$

$$=\int_{\mathrm{B}_{R(0)}}\psi_{\varepsilon}^{2}(x)\mathrm{e}^{(4\pi-\varepsilon)\varphi_{\varepsilon}(x)\left(\frac{u_{\varepsilon}(x_{\varepsilon}+r_{\varepsilon}x)}{c_{\varepsilon}}+1\right)}\mathrm{d}x$$

$$\to\int_{\mathrm{B}_{R(0)}}\mathrm{e}^{8\pi\varphi}\mathrm{d}x(\text{当 }\varepsilon\to 0)。\qquad(4-3-20)$$

结合式(4-3-17)、式(4-3-18)和式(4-3-19),就有

$$\int_{\Omega}|\nabla(u_{\varepsilon}-\gamma c_{\varepsilon})^{+}|^{2}\mathrm{d}x\geqslant(1-\gamma)\int_{\mathrm{B}_{R(0)}}\mathrm{e}^{8\pi\varphi}\mathrm{d}x+o_{\varepsilon}(1)。$$

进而得到

$$\lim_{R\to+\infty}\liminf_{\varepsilon\to 0}\int_{\Omega}|\nabla(u_{\varepsilon}-\gamma c_{\varepsilon})^{+}|^{2}\mathrm{d}x\geqslant(1-\gamma)。\qquad(4-3-21)$$

另一方面,用 $u_{\varepsilon,\gamma}$ 作测试函数,作用到式(4-2-20),得

$$\int_{\Omega}\nabla u_{\varepsilon,\gamma}\cdot\nabla u_{\varepsilon}\mathrm{d}x=\alpha\|u_{\varepsilon}\|_{p}^{2-p}\int_{\Omega}u_{\varepsilon,\gamma}u_{\varepsilon}^{p-1}\mathrm{d}x+\frac{1}{\lambda_{\varepsilon}}\int_{\Omega}u_{\varepsilon,\gamma}u_{\varepsilon}\mathrm{e}^{(4\pi-\varepsilon)u_{\varepsilon}^{2}}\mathrm{d}x。$$

而

$$\int_{\Omega}\nabla u_{\varepsilon,\gamma}\cdot\nabla u_{\varepsilon}\mathrm{d}x=\int_{\Omega}|\nabla u_{\varepsilon,\gamma}|^{2}\mathrm{d}x,$$

$$\int_{\Omega}u_{\varepsilon,\gamma}u_{\varepsilon}^{p-1}\mathrm{d}x\leqslant\int_{\Omega}u_{\varepsilon}^{p}\mathrm{d}x\to 0(\text{当 }\varepsilon\to 0)。$$

注意到,在 $B_{Rr_{\varepsilon}}(x_{\varepsilon})$ 上 $u_{\varepsilon}>\gamma c_{\varepsilon}$,

$$\frac{1}{\lambda_{\varepsilon}}\int_{\Omega}u_{\varepsilon,\gamma}u_{\varepsilon}\mathrm{e}^{(4\pi-\varepsilon)u_{\varepsilon}^{2}}\mathrm{d}x\geqslant\frac{1}{\lambda_{\varepsilon}}\int_{\mathrm{B}_{Rr_{\varepsilon}(x_{\varepsilon})}}\gamma c_{\varepsilon}u_{\varepsilon}\mathrm{e}^{(4\pi-\varepsilon)u_{\varepsilon}^{2}}\mathrm{d}x$$

$$\to\gamma\int_{\mathrm{B}_{R(0)}}\mathrm{e}^{8\pi\varphi}\mathrm{d}x(\text{当 }\varepsilon\to 0)。$$

从而,

$$\liminf_{\varepsilon\to 0}\int_{\Omega}|\nabla u_{\varepsilon,\gamma}|^{2}\mathrm{d}x\geqslant\gamma\int_{\mathrm{B}_{R(0)}}\mathrm{e}^{8\pi\varphi}\mathrm{d}x,$$

$$\lim_{R\to+\infty}\liminf_{\varepsilon\to 0}\int_{\Omega}|\nabla u_{\varepsilon,\gamma}|^{2}\mathrm{d}x\geqslant\gamma。\qquad(4-3-22)$$

又由

$$|\nabla u_{\varepsilon}|^{2}=|\nabla u_{\varepsilon,\gamma}|^{2}+|\nabla(u_{\varepsilon}-\gamma c_{\varepsilon})^{+}|^{2},\ \text{a. e 在 }\Omega\text{ 上},$$

则

$$\int_{\Omega}|\nabla u_{\varepsilon,\gamma}|^2\mathrm{d}x+\int_{\Omega}|\nabla(u_\varepsilon-\gamma c_\varepsilon)^+|^2\mathrm{d}x=\int_{\Omega}|\nabla u_\varepsilon|^2\mathrm{d}x=1+o_\varepsilon(1),$$

$$\limsup_{\varepsilon\to0}\left(\int_{\Omega}|\nabla u_{\varepsilon,\gamma}|^2\mathrm{d}x+\int_{\Omega}|\nabla(u_\varepsilon-\gamma c_\varepsilon)^+|^2\mathrm{d}x\right)=1。\tag{4-3-23}$$

结合式(4－3－21)、式(4－3－22)和式(4－3－23)，就完成了命题 4.4 的证明。

命题 4.5 下列不等式成立：

$$\lim_{\varepsilon\to0}\int_{\Omega}\mathrm{e}^{(4\pi-\varepsilon)u_\varepsilon^2}\mathrm{d}x\leqslant|\Omega|+\lim_{R\to+\infty}\limsup_{\varepsilon\to0}\int_{\mathrm{B}_{Rr_\varepsilon}(x_\varepsilon)}\mathrm{e}^{(4\pi-\varepsilon)u_\varepsilon^2}\mathrm{d}x。\tag{4-3-24}$$

证明 首先，我们证明

$$\lim_{\varepsilon\to0}\int_{\Omega}\mathrm{e}^{(4\pi-\varepsilon)u_\varepsilon^2}\mathrm{d}x\leqslant|\Omega|+\limsup_{\varepsilon\to0}\frac{\lambda_\varepsilon}{c_\varepsilon^2}。\tag{4-3-25}$$

这是因为，对任意的 $0<\gamma<1$，$u_{\varepsilon,\gamma}=\min\{u_\varepsilon,\gamma c_\varepsilon\}$。

$$\begin{aligned}\int_{\Omega}\mathrm{e}^{(4\pi-\varepsilon)u_\varepsilon^2}\mathrm{d}x&=\int_{\{u_\varepsilon<\gamma c_\varepsilon\}}\mathrm{e}^{(4\pi-\varepsilon)u_\varepsilon^2}\mathrm{d}x+\int_{\{u_\varepsilon\geqslant\gamma c_\varepsilon\}}\mathrm{e}^{(4\pi-\varepsilon)u_\varepsilon^2}\mathrm{d}x\\&\leqslant\int_{\Omega}\mathrm{e}^{(4\pi-\varepsilon)u_{\varepsilon,\gamma}^2}\mathrm{d}x+\int_{\Omega}\frac{u_\varepsilon^2}{\gamma^2c_\varepsilon^2}\mathrm{e}^{(4\pi-\varepsilon)u_\varepsilon^2}\mathrm{d}x\\&=\int_{\Omega}\mathrm{e}^{(4\pi-\varepsilon)u_{\varepsilon,\gamma}^2}\mathrm{d}x+\frac{1}{\gamma^2c_\varepsilon^2}\int_{\Omega}u_\varepsilon^2\mathrm{e}^{(4\pi-\varepsilon)u_\varepsilon^2}\mathrm{d}x\\&=\int_{\Omega}\mathrm{e}^{(4\pi-\varepsilon)u_{\varepsilon,\gamma}^2}\mathrm{d}x+\frac{\lambda_\varepsilon}{\gamma^2c_\varepsilon^2}。\end{aligned}$$

由命题 4.4 及 Lions 定理[19]可知，$\mathrm{e}^{(4\pi-\varepsilon)u_{\varepsilon,\gamma}^2}$在 $L^r(\Omega)$ 中有界($r>1$)，故在 $L^1(\Omega)$ 中强收敛。由命题 4.2，在 $C_{\mathrm{loc}}^1(\Omega\setminus\{x_0\})$ 时，$u_\varepsilon\to0$。故 $u_{\varepsilon,\gamma}\to0$，a. e 在 Ω 上。因此，

$$\int_{\Omega}\mathrm{e}^{(4\pi-\varepsilon)u_{\varepsilon,\gamma}^2}\mathrm{d}x\to\int_{\Omega}\mathrm{e}^0\mathrm{d}x=|\Omega|(\varepsilon\to0)。$$

从而，

$$\int_{\Omega} e^{(4\pi-\varepsilon)u_\varepsilon^2}dx \leqslant |\Omega| + \frac{\lambda_\varepsilon}{\gamma^2 c_\varepsilon^2} + o_\varepsilon(1)。$$

先令 $\varepsilon \to 0$，再令 $\gamma \to 1$，就完成对式(4－3－25)的证明。再利用式(4－3－20)就可以得到式(4－3－24)。

注 由命题4.5，我们可以得到

$$\lim_{\varepsilon \to 0} \frac{c_\varepsilon}{\lambda_\varepsilon} = 0。 \tag{4-3-26}$$

这是因为，注意到式(4－2－1)和式(4－3－25)，以及

$$\sup_{u \in W_0^{1,2}(\Omega),\ \|u\|_{\alpha,p} \leqslant 1} \int_{\Omega} e^{(4\pi-\varepsilon)u^2} dx > |\Omega|,$$

所以，

$$\limsup_{\varepsilon \to 0} \frac{\lambda_\varepsilon}{c_\varepsilon^2} > 0。$$

从而有式(4－3－26)。

为了讨论 u_ε 远离 Blow-up 点 x_0 处的收敛性，我们先证明下面结果。

命题 4.6 $\forall \phi \in C^1(\Omega)$，下式成立：

$$\lim_{\varepsilon \to 0} \int_{\Omega} \phi \frac{1}{\lambda_\varepsilon} c_\varepsilon u_\varepsilon e^{(4\pi-\varepsilon)u_\varepsilon^2} dx = \phi(x_0)。 \tag{4-3-27}$$

证明 将区域 Ω 分为 3 部分：

$\Omega_1 = \{u_\varepsilon \geqslant \gamma c_\varepsilon\} \cap B_{Rr_\varepsilon(x_\varepsilon)}$，$\Omega_2 = \{u_\varepsilon < \gamma c_\varepsilon\}$，$\Omega_3 = \{u_\varepsilon \geqslant \gamma c_\varepsilon\} \setminus B_{Rr_\varepsilon(x_\varepsilon)}$。

相应地在上面 3 个区域上的积分分别记为 I_1、I_2、I_3。

$$\begin{aligned} I_1 &= \int_{\{u_\varepsilon \geqslant \gamma c_\varepsilon\} \cap B_{Rr_\varepsilon(x_\varepsilon)}} \phi \frac{1}{\lambda_\varepsilon} c_\varepsilon u_\varepsilon e^{(4\pi-\varepsilon)u_\varepsilon^2} dx \\ &= \int_{B_{Rr_\varepsilon(x_\varepsilon)}} \phi \frac{1}{\lambda_\varepsilon} c_\varepsilon u_\varepsilon e^{(4\pi-\varepsilon)u_\varepsilon^2} dx \\ &= \phi(x_0)(1 + o_\varepsilon(1)) \left(\int_{B_{R(0)}} e^{8\pi\varphi} dx + o_R(1) \right)。 \end{aligned}$$

先令 $\varepsilon \to 0$，再令 $R \to +\infty$，从而 $I_1 \to \phi(x_0)$。

$$|I_2| = \left|\int_{\{u_\varepsilon < \gamma c_\varepsilon\}} \phi \frac{1}{\lambda_\varepsilon} c_\varepsilon u_\varepsilon \mathrm{e}^{(4\pi-\varepsilon)u_\varepsilon^2} \mathrm{d}x\right| \leqslant \sup_\Omega |\phi| \frac{c_\varepsilon}{\lambda_\varepsilon}\int_\Omega u_\varepsilon \mathrm{e}^{(4\pi-\varepsilon)u_{\varepsilon,\gamma}^2} \mathrm{d}x。$$

由式(4-3-26)及 $\mathrm{e}^{u_{\varepsilon,\gamma}^2}$ 在 $L^r(\Omega)$ 中有界，u_ε 在 $L^s(\Omega)$ 中有界($r>1$，$s>1$)，从而结合 Hölder 不等式有 $I_2 \to 0$。

$$|I_3| = \left|\int_{\{u_\varepsilon \geqslant \gamma c_\varepsilon\} \setminus \mathrm{B}_{Rr_\varepsilon(x_\varepsilon)}} \phi \frac{1}{\lambda_\varepsilon} c_\varepsilon u_\varepsilon \mathrm{e}^{(4\pi-\varepsilon)u_\varepsilon^2} \mathrm{d}x\right|$$

$$\leqslant \sup_\Omega |\phi| \int_{\{u_\varepsilon \geqslant \gamma c_\varepsilon\} \setminus \mathrm{B}_{Rr_\varepsilon(x_\varepsilon)}} \frac{1}{\lambda_\varepsilon} c_\varepsilon u_\varepsilon \mathrm{e}^{(4\pi-\varepsilon)u_\varepsilon^2} \mathrm{d}x$$

$$= \sup_\Omega |\phi| \left(\int_{\{u_\varepsilon \geqslant \gamma c_\varepsilon\}} \frac{1}{\lambda_\varepsilon} c_\varepsilon u_\varepsilon \mathrm{e}^{(4\pi-\varepsilon)u_\varepsilon^2} \mathrm{d}x - \int_{\mathrm{B}_{Rr_\varepsilon(x_\varepsilon)}} \frac{1}{\lambda_\varepsilon} c_\varepsilon u_\varepsilon \mathrm{e}^{(4\pi-\varepsilon)u_\varepsilon^2} \mathrm{d}x\right)$$

$$\leqslant \sup_\Omega |\phi| \left(\frac{1}{\gamma\lambda_\varepsilon}\int_\Omega u_\varepsilon^2 \mathrm{e}^{(4\pi-\varepsilon)u_\varepsilon^2} \mathrm{d}x - \int_{\mathrm{B}_{Rr_\varepsilon(x_\varepsilon)}} \frac{1}{\lambda_\varepsilon} c_\varepsilon u_\varepsilon \mathrm{e}^{(4\pi-\varepsilon)u_\varepsilon^2} \mathrm{d}x\right)$$

$$= \sup_\Omega |\phi| \frac{1}{\gamma}\left(1 - \int_{\mathrm{B}_{R(0)}} \mathrm{e}^{8\pi\varphi} \mathrm{d}x + o_R(1)\right)。$$

在上面的证明中用到了式(4-3-20)。先令 $\varepsilon \to 0$，再令 $R \to +\infty$，从而 $I_3 \to 0$。这样，命题 4.6 得证。

为研究极值函数的收敛性，还需要下面的定理，这个结论被 Brezis 和 Merle 发现，后由 Struwe 发展。

定理 4(M. Struwe[66]) 设 $f \in L^1(\Omega)$，$u \in W_0^{1,2}(\Omega) \cap C^1(\Omega)$ 是方程 $-\Delta u = f$ 的解(分部意义下)，则对任何 $1<q<2$，有

$$\|\nabla u\|_q \leqslant C \|f\|_1。 \tag{4-3-28}$$

式中：C 为仅依赖于 q 和 Ω 的常数。

下面我们再研究 $c_\varepsilon u_\varepsilon$。

命题 4.7 对任何 $1<q<2$，$c_\varepsilon u_\varepsilon$ 在 $W_0^{1,q}(\Omega)$ 中有界。

证明 由式(4-3-20)两边同乘以测试函数 c_ε，

$$-\Delta(c_\varepsilon u_\varepsilon) = \alpha \|c_\varepsilon u_\varepsilon\|_p^{2-p} (c_\varepsilon u_\varepsilon)^{p-1} + \frac{1}{\lambda_\varepsilon} c_\varepsilon u_\varepsilon \mathrm{e}^{(4\pi-\varepsilon)u_\varepsilon^2}。$$

(4-3-29)

我们说 $\|c_\varepsilon u_\varepsilon\|_p$ 有界。反证法，假设 $\|c_\varepsilon u_\varepsilon\|_p \to +\infty$（当 $\varepsilon\to 0$）。

令 $v_\varepsilon = \dfrac{c_\varepsilon u_\varepsilon}{\|c_\varepsilon u_\varepsilon\|_p}$，则 $v_\varepsilon \in W_0^{1,2}(\Omega)$，$\|v_\varepsilon\|_p = 1$，且

$$-\Delta v_\varepsilon = \alpha v_\varepsilon^{p-1} + \frac{1}{\lambda_\varepsilon}\frac{1}{\|c_\varepsilon u_\varepsilon\|_p} c_\varepsilon u_\varepsilon \mathrm{e}^{(4\pi-\varepsilon)u_\varepsilon^2}。\qquad (4-3-30)$$

在式(4－3－27)中令 $\phi = 1$，可得 $\dfrac{1}{\lambda_\varepsilon} c_\varepsilon u_\varepsilon \mathrm{e}^{(4\pi-\varepsilon)u_\varepsilon^2}$ 在 $L^1(\Omega)$ 中有界。而 v_ε^{p-1} 在 $L^{\frac{p}{p-1}}(\Omega)$ 中有界，也在 $L^1(\Omega)$ 中有界。可知 Δv_ε 在 $L^1(\Omega)$ 中有界。从而由定理4及 Poincare 不等式可知，v_ε 在 $W_0^{1,q}(\Omega)$ 中有界（$1<q<2$）。

不妨设

$$v_\varepsilon \to v（在 W_0^{1,q}(\Omega) 中弱收敛），$$

$$v_\varepsilon \to v（在 L^s(\Omega) 中强收敛，\forall s \geqslant 1）。$$

$\forall \phi \in C_0^1(\Omega)$，用 ϕ 作用于式(4－3－30)，有

$$\int_\Omega \nabla v_\varepsilon \nabla \phi \mathrm{d}x = \alpha \int_\Omega \phi v_\varepsilon^{p-1} \mathrm{d}x + \frac{1}{\lambda_\varepsilon}\frac{1}{\|c_\varepsilon u_\varepsilon\|_p}\int_\Omega \phi c_\varepsilon u_\varepsilon \mathrm{e}^{(4\pi-\varepsilon)u_\varepsilon^2}\mathrm{d}x。$$

令 $\varepsilon\to 0$，利用命题4.6及假设条件 $\|c_\varepsilon u_\varepsilon\|_p \to +\infty$，就有

$$\int_\Omega \nabla v \nabla \phi \mathrm{d}x = \alpha \int_\Omega \phi v^{p-1}\mathrm{d}x。\qquad (4-3-31)$$

由于 $\alpha < \lambda_p(\Omega)$，由 $\lambda_p(\Omega)$ 的定义式(4－1－3)，有

$$\int_\Omega \nabla v \nabla \phi \mathrm{d}x = \lambda_p(\Omega)\int_\Omega \phi v^{p-1}\mathrm{d}x,\qquad (4-3-32)$$

对比式(4－3－31)和式(4－3－32)，得 $v\equiv 0$。这与 $\|v_\varepsilon\|_p = 1$ 矛盾。从而，说明 $\|c_\varepsilon u_\varepsilon\|_p$ 有界。再次由定理4，可以得到 $c_\varepsilon u_\varepsilon$ 在 $W_0^{1,q}(\Omega)$（$1<q<2$）中有界。

下列命题揭示了 u_ε 是如何远离 x_0 点收敛的。

命题4.8 对任何 $1<q<2$，$c_\varepsilon u_\varepsilon \to G$（在 $W_0^{1,q}(\Omega)$ 中弱收敛）。其 $G \in C^1(\overline{\Omega}\setminus\{x_0\})$ 中是一个 Green 函数，满足方程

$$\begin{cases} -\Delta G = \alpha \parallel G \parallel_p^{2-p} G^{p-1} + \delta_{x_0}, 在\ \Omega\ 内, \\ G = 0, 在 \partial\Omega\ 上。\end{cases} \tag{4-3-33}$$

而且，$c_\varepsilon u_\varepsilon \to G$（在 $C^1_{\text{loc}}(\bar{\Omega}\setminus\{x_0\})$ 中弱收敛）。

证明 由命题 4.7 可知，$c_\varepsilon u_\varepsilon$ 在 $W_0^{1,q}(\Omega)(1<q<2)$ 中有界。故存在 $G(x)\in W_0^{1,q}(\Omega)$，使得

$$c_\varepsilon u_\varepsilon \to G(在\ W_0^{1,q}(\Omega)\ 中弱收敛), \tag{4-3-34}$$

$$c_\varepsilon u_\varepsilon \to G\left(在\ L^s(\Omega)\ 中强收敛, \forall 1<s\leqslant \frac{2q}{2-q}\right)。 \tag{4-3-35}$$

用测试函数 $\phi\in C_0^1(\Omega)$ 作用于式(4-3-29)，结合式(4-3-27)，有

$$\int_\Omega \nabla(c_\varepsilon u_\varepsilon)\nabla\phi \mathrm{d}x = \alpha \parallel c_\varepsilon u_\varepsilon \parallel_p^{2-p}\int_\Omega \phi\,(c_\varepsilon u_\varepsilon)^{p-1}\mathrm{d}x + \frac{1}{\lambda_\varepsilon}\int_\Omega \phi c_\varepsilon u_\varepsilon \mathrm{e}^{(4\pi-\varepsilon)u_\varepsilon^2}\mathrm{d}x。$$

令 $\varepsilon\to 0$，有

$$\int_\Omega \nabla G\,\nabla\phi \mathrm{d}x = \alpha \parallel G \parallel_p^{2-p}\int_\Omega \phi G^{p-1}\mathrm{d}x + \phi(x_0)。$$

故有式(4-3-33)成立。

下面证明 $c_\varepsilon u_\varepsilon \to G$ 弱收敛于 $C^1_{\text{loc}}(\bar{\Omega}\setminus\{x_0\})$。对任何固定的 $\delta>0$，我们选取截断函数 $\eta\in C_0^1(\Omega\setminus \mathrm{B}_\delta(x_0))$，使得在 $\Omega\setminus\mathrm{B}_{2\delta}(x_0)$ 上，$\eta=1$。注意到，$\parallel\nabla(\eta u_\varepsilon)\parallel_2 \to 0(\varepsilon\to 0)$，因此，$\mathrm{e}^{\eta^2 u_\varepsilon^2}$ 在 $L^r(\Omega\setminus\mathrm{B}_\delta(x_0))$ 中有界，$\mathrm{e}^{u_\varepsilon^2}$ 在 $L^{\frac{p}{p-1}}(\Omega\setminus\mathrm{B}_{2\delta}(x_0))$ 中有界$(r>1)$。结合 $\parallel c_\varepsilon u_\varepsilon \parallel_p^{2-p}(c_\varepsilon u_\varepsilon)^{p-1}$ 在 $L^{\frac{p}{p-1}}(\Omega\setminus \mathrm{B}_{2\delta}(x_0))$ 上有界，有 $\Delta(c_\varepsilon u_\varepsilon)$ 在 $L^{\frac{p}{p-1}}(\Omega\setminus\mathrm{B}_{2\delta}(x_0))$ 有界。运用椭圆估计，有：$c_\varepsilon u_\varepsilon \to G$ 弱收敛于 $C^1_{\text{loc}}(\bar{\Omega}\setminus\mathrm{B}_{4\delta}(x_0))$，而 $-\Delta\left(-\frac{1}{2\pi}\log|x-x_0|\right)=\delta(x_0)$，从而，

$$-\Delta\left(G+\frac{1}{2\pi}\log|x-x_0|\right) = \alpha \parallel G \parallel_p^{2-p} G^{p-1} \in L^{\frac{p}{p-1}}(\Omega)。$$

两次运用椭圆估计，得 $G+\frac{1}{2\pi}\log|x-x_0|\in C^1(\Omega)$。因此，$G$ 可以表示为

$$G = -\frac{1}{2\pi}\log|x-x_0| + A_{x_0} + \psi。\qquad (4-3-36)$$

式中：$\psi \in C^1(\Omega)$ 且 $\psi(x_0)=0$。

我们还需要用到下面已有的定理。

定理 5（L. Carleson 和 A. Chang[10]） 设 $B_\delta(x_0)$ 是 R^2 中的半径为 δ、中心在 x_0 的圆盘，设 $\{v_\varepsilon\}_{\varepsilon>0}$ 是 $W_0^{1,2}(B_\delta(x_0))$ 中的一列函数，且满足 $\int_{B_\delta(x_0)}|\nabla v_\varepsilon|^2 dx = 1$，若在测度意义下，$|\nabla v_\varepsilon|^2 dx \to \delta_{x_0}$（弱收敛），则

$$\lim_{\varepsilon\to 0}\sup\int_{B_\delta(x_0)}(e^{4\pi v_\varepsilon^2}-1)dx \leqslant \pi\delta^2 e。\qquad (4-3-37)$$

下面我们给出估计。

命题 4.9 下面估计成立：

$$\sup_{u\in W_0^{1,2}(\Omega),\ \|u\|_{\alpha,p}\leqslant 1}\int_\Omega e^{4\pi u^2}dx \leqslant |\Omega| + \pi e^{1+4\pi A_{x_0}}。\qquad (4-3-38)$$

证明 由式(4-2-1)和式(4-2-23)及命题4.5，我们只要证明

$$\lim_{\varepsilon\to 0}\sup\int_{B_{Rr_\varepsilon}(x_\varepsilon)} e^{(4\pi-\varepsilon)u_\varepsilon^2}dx \leqslant \pi e^{1+4\pi A_{x_0}}。\qquad (4-3-39)$$

证明主要利用定理 5 的结果。令 $s_\varepsilon = \sup_{\partial B_\delta(x_0)} u_\varepsilon$，定义 $\overline{u_\varepsilon} = (u_\varepsilon - s_\varepsilon)^+$，则 $\overline{u_\varepsilon} \in W_0^{1,2}(B_\delta(x_0))$。显然 $\overline{u_\varepsilon} \leqslant u_\varepsilon$ 及 $|\nabla \overline{u_\varepsilon}| \leqslant |\nabla u_\varepsilon|$。

由 $\|u_\varepsilon\|_{\alpha,p} = 1$，得到

$$\int_{B_\delta(x_0)}|\nabla u_\varepsilon|^2 dx = 1 + \alpha\left(\int_\Omega u_\varepsilon^p dx\right)^{\frac{2}{p}} - \int_{\Omega\setminus B_\delta(x_0)}|\nabla u_\varepsilon|^2 dx。\qquad (4-3-40)$$

下面分别估计 $\left(\int_\Omega u_\varepsilon^p dx\right)^{\frac{2}{p}}$ 和 $\int_{\Omega\setminus B_\delta(x_0)}|\nabla u_\varepsilon|^2 dx$。由于在 $L^p(\Omega)$ 中，$c_\varepsilon u_\varepsilon \to G$，故

$$\left(\int_\Omega u_\varepsilon^p dx\right)^{\frac{2}{p}} = \frac{1}{c_\varepsilon^2}(\|G\|_p^2 + o_\varepsilon(1)),\qquad (4-3-41)$$

而

$$\int_{\Omega\setminus B_\delta(x_0)} |\nabla u_\varepsilon|^2 \mathrm{d}x = \frac{1}{c_\varepsilon^2}\left(\int_{\Omega\setminus B_\delta(x_0)} |\nabla G|^2 \mathrm{d}x + o_\varepsilon(1)\right)。$$

(4 -3 -42)

由式(4 -3 -33),有

$$\int_{\Omega\setminus B_\delta(x_0)} (-\Delta G \cdot G)\mathrm{d}x = \alpha \|G\|_p^{2-p} \int_{\Omega\setminus B_\delta(x_0)} G^p \mathrm{d}x。\quad (4-3-43)$$

由散度定理,有

$$\int_{\Omega\setminus B_\delta(x_0)} (-\Delta G \cdot G)\mathrm{d}x = \int_{\Omega\setminus B_\delta(x_0)} |\nabla G|^2 \mathrm{d}x - \int_{\partial\Omega\setminus B_\delta(x_0)} G\frac{\partial G}{\partial n}\mathrm{d}s。$$

所以,

$$\begin{aligned}\int_{\Omega\setminus B_\delta(x_0)} |\nabla G|^2 \mathrm{d}x &= \int_{\Omega\setminus B_\delta(x_0)} (-\Delta G \cdot G)\mathrm{d}x + \int_{\partial\Omega\setminus B_\delta(x_0)} G\frac{\partial G}{\partial n}\mathrm{d}s \\ &= \alpha \|G\|_p^{2-p} \int_{\Omega\setminus B_\delta(x_0)} G^p \mathrm{d}x + \int_{\partial\Omega\setminus B_\delta(x_0)} G\frac{\partial G}{\partial n}\mathrm{d}s \\ &= \alpha \|G\|_p^2 + \int_{\partial\Omega\setminus B_\delta(x_0)} G\frac{\partial G}{\partial n}\mathrm{d}s - \alpha\int_{B_\delta(x_0)} G^p \mathrm{d}x。\end{aligned}$$

(4 -3 -44)

再利用 Green 函数的绝对连续性,可知

$$\int_{B_\delta(x_0)} G^p \mathrm{d}x = o_\delta(1)。$$

注意到$\nabla r = \vec{n}$,故$\frac{\partial G}{\partial n} = \nabla G \cdot \nabla r$,

$$\int_{\partial\Omega\setminus B_\delta(x_0)} G\frac{\partial G}{\partial n}\mathrm{d}s = -\frac{1}{2\pi}\log\delta + A_{x_0} + o_\delta(1)。\quad (4-3-45)$$

将式(4 -3 -45)代入式(4 -3 -44),就有

$$\int_{\Omega\setminus B_\delta(x_0)} |\nabla G|^2 \mathrm{d}x = -\frac{1}{2\pi}\log\delta + A_{x_0} + \alpha \|G\|_p^2 + o_\delta(1)。$$

(4 -3 -46)

代入式(4 -3 -42)得到

$$\int_{\Omega\backslash B_\delta(x_0)}|\nabla u_\varepsilon|^2\mathrm{d}x=\frac{1}{c_\varepsilon^2}\left(-\frac{1}{2\pi}\log\delta+A_{x_0}+\alpha\|G\|_p^2+o_\delta(1)+o_\varepsilon(1)\right)。\tag{4-3-47}$$

将式(4-3-41)和式(4-3-47)代入式(4-3-40),得

$$\int_{B_\delta(x_0)}|\nabla u_\varepsilon|^2\mathrm{d}x=1-\frac{1}{c_\varepsilon^2}\left(-\frac{1}{2\pi}\log\delta+A_{x_0}+\alpha\|G\|_p^2+o_\delta(1)+o_\varepsilon(1)\right)=\sigma_\varepsilon,$$

而

$$\int_{B_\delta(x_0)}|\nabla\overline{u_\varepsilon}|^2\mathrm{d}x\leqslant\int_{B_\delta(x_0)}|\nabla u_\varepsilon|^2\mathrm{d}x=\sigma_\varepsilon,$$

所以,

$$\int_{B_\delta(x_0)}\frac{|\nabla\overline{u_\varepsilon}|^2}{\sigma_\varepsilon}\mathrm{d}x\leqslant 1。$$

由于在测度意义下,$||\nabla\overline{u_\varepsilon}||^2\mathrm{d}x\to\delta_{x_0}$(弱收敛),则$\frac{|\nabla\overline{u_\varepsilon}|^2}{\sigma_\varepsilon}\to\delta_{x_0}$(弱收敛)。从而由定理5,有

$$\limsup_{\varepsilon\to 0}\int_{B_\delta(x_0)}\left(e^{4\pi\frac{\overline{u_\varepsilon}^2}{\sigma_\varepsilon}}-1\right)\mathrm{d}x\leqslant\pi\delta^2 e。\tag{4-3-48}$$

在 $B_{Rr_\varepsilon}(x_\varepsilon)$ 中,

$$\begin{aligned}(4\pi-\varepsilon)u_\varepsilon^2&\leqslant 4\pi u_\varepsilon^2\\&\leqslant 4\pi(\overline{u_\varepsilon}+s_\varepsilon)^2\\&=4\pi\overline{u_\varepsilon}^2+8\pi\overline{u_\varepsilon}s_\varepsilon+4\pi s_\varepsilon^2\\&=4\pi\overline{u_\varepsilon}^2+8\pi\overline{u_\varepsilon}s_\varepsilon+o_\varepsilon(1)\\&\leqslant 4\pi\overline{u_\varepsilon}^2-4\log\delta+8\pi A_{x_0}+o_\delta(1)+o_\varepsilon(1)\\&\leqslant 4\pi\frac{\overline{u_\varepsilon}^2}{\sigma_\varepsilon}\sigma_\varepsilon-4\log\delta+8\pi A_{x_0}+o_\delta(1)+o_\varepsilon(1)\\&\leqslant 4\pi\frac{\overline{u_\varepsilon}^2}{\sigma_\varepsilon}-2\log\delta+4\pi A_{x_0}+o_\delta(1)+o_\varepsilon(1)。\end{aligned}$$

这样,

$$\begin{aligned}\int_{B_{Rr_\varepsilon}(x_\varepsilon)} e^{(4\pi-\varepsilon)u_\varepsilon^2}dx &\leqslant \int_{B_{Rr_\varepsilon}(x_\varepsilon)} e^{4\pi\frac{\overline{u_\varepsilon}^2}{\sigma_\varepsilon}-2\log\delta+4\pi A_{x_0}+o(1)}dx \\ &=\delta^{-2}e^{4\pi A_{x_0}+o(1)}\int_{B_{Rr_\varepsilon}(x_\varepsilon)} e^{4\pi\frac{\overline{u_\varepsilon}^2}{\sigma_\varepsilon}}dx \\ &=\delta^{-2}e^{4\pi A_{x_0}+o(1)}\left(\int_{B_{Rr_\varepsilon}(x_\varepsilon)}\left(e^{4\pi\frac{\overline{u_\varepsilon}^2}{\sigma_\varepsilon}}-1\right)dx+o(1)\right) \\ &\leqslant\delta^{-2}e^{4\pi A_{x_0}+o(1)}\int_{B_{\delta(x_0)}}\left(e^{4\pi\frac{\overline{u_\varepsilon}^2}{\sigma_\varepsilon}}-1\right)dx。\end{aligned} \tag{4-3-49}$$

对式(4－3－49)让 $\varepsilon\to 0$ 取极限结合式(4－3－48)，就可以得到命题4.9的结论。

§4.4 极值函数的存在性

采用 Y. Yang[29] 的方法构造函数，得出与式(4－3－38)矛盾的结果，从而说明 $c_\varepsilon\to+\infty$不会发生。

命题 4.10 存在函数列 ϕ_ε，满足 $\phi_\varepsilon\in W_0^{1,2}(\Omega)$，$\|\phi_\varepsilon\|_{\alpha,p}=1$，且对足够小的 $\varepsilon>0$，

$$\int_\Omega e^{4\pi\phi_\varepsilon^2}dx>|\Omega|+\pi e^{1+4\pi A_{x_0}}。 \tag{4-4-1}$$

证明 记 $r=|x-x_0|$，$R=-\log\varepsilon$。显然，当 $\varepsilon\to 0$ 时，$R\to+\infty$，$R\varepsilon\to 0$。令

$$\phi_\varepsilon(x)=\begin{cases} c+\dfrac{-\dfrac{1}{4\pi}\log\left(1+\dfrac{\pi r^2}{\varepsilon^2}\right)+D}{c}, r<R\varepsilon, \\ \dfrac{G-\theta\psi}{c}, R\varepsilon\leqslant r\leqslant 2R\varepsilon, \\ \dfrac{G}{c}, r>2R\varepsilon。\end{cases}$$

式中：$\theta \in C_0^\infty(\mathrm{B}_{2R\varepsilon}(x_0))$，且 $x \in \mathrm{B}_{R\varepsilon}(x_0)$ 时，$\theta = 1$；$x \in \mathrm{B}_{2R\varepsilon}(x_0) \setminus \mathrm{B}_{R\varepsilon}(x_0)$ 时，$0 < \theta < 1$；$x \in \Omega \setminus \mathrm{B}_{2R\varepsilon}(x_0)$ 时，$\theta = 0$。$\|\nabla\eta\|_{L^\infty} = O\left(\frac{1}{R\varepsilon}\right)$，$D$ 待定，c 仅依赖于 ε。

由于 ϕ_ε 是径向对称函数，故 ϕ_ε 在 $r = R\varepsilon$ 处连续。所以，

$$c + \frac{-\frac{1}{4\pi}\log\left(1 + \frac{\pi(R\varepsilon)^2}{\varepsilon^2}\right) + D}{c} = \frac{G - \theta\psi}{c}。\tag{4-4-2}$$

又由于 $G = -\frac{1}{2\pi}\log r + A_{x_0} + \psi$，代入式(4-4-2)，可以得到

$$\begin{aligned} c^2 &= \frac{1}{4\pi}\log\pi - \frac{1}{2\pi}\log\varepsilon - D + A_{x_0} + \frac{1}{4\pi}\log\left(1 + \frac{1}{\pi R^2}\right) \\ &= \frac{1}{4\pi}\log\pi - \frac{1}{2\pi}\log\varepsilon - D + A_{x_0} + O\left(\frac{1}{R^2}\right)。 \end{aligned}\tag{4-4-3}$$

$$\begin{aligned} \int_{\mathrm{B}_{R\varepsilon}(x_0)} |\nabla\phi_\varepsilon|^2 \mathrm{d}x &= \frac{1}{4c^2}\int_{\mathrm{B}_{R\varepsilon}(x_0)} \left(\frac{1}{1 + \frac{\pi r^2}{\varepsilon^2}} \frac{r}{\varepsilon^2}\right)^2 \mathrm{d}x \\ &= \frac{1}{4c^2}\int_0^{R\varepsilon} \left(\frac{1}{1 + \frac{\pi r^2}{\varepsilon^2}} \frac{r}{\varepsilon^2}\right)^2 2\pi r \mathrm{d}r \\ &= \frac{1}{4\pi c^2}\int_0^{R\varepsilon} \frac{1}{\left(1 + \frac{\pi r^2}{\varepsilon^2}\right)^2} \frac{\pi r^2}{\varepsilon^2} \mathrm{d}\left(\frac{\pi r^2}{\varepsilon^2}\right), \end{aligned}$$

其中，

$$\begin{aligned} \underset{\frac{\pi r^2}{\varepsilon^2} = z}{=} & \frac{1}{4\pi c^2}\int_0^{\pi R^2} \frac{1}{(1+z)^2} z \mathrm{d}z \\ &= \frac{1}{4\pi c^2}\int_0^{\pi R^2} \left(\frac{1}{1+z} - \frac{1}{(1+z)^2}\right)\mathrm{d}z \\ &= \frac{1}{4\pi c^2}\left(\log\pi + 2\log R + O\left(\frac{1}{R^2}\right) - 1\right)。 \end{aligned}\tag{4-4-4}$$

$$\int_{B_{2R\varepsilon}(x_0)\setminus B_{R\varepsilon}(x_0)} |\nabla\phi_\varepsilon|^2 dx = \frac{1}{c^2}\int_{B_{2R\varepsilon}(x_0)\setminus B_{R\varepsilon}(x_0)} |\nabla(G-\theta\psi)|^2 dx$$

$$= \frac{1}{c^2}\int_{B_{2R\varepsilon}(x_0)\setminus B_{R\varepsilon}(x_0)} |\nabla G|^2 dx + o_\varepsilon(1),$$

(4 -4 -5)

其中,式(4 -4 -4)和式(4 -4 -5)的估计中用到 $\|\nabla\eta\|_{L^\infty} = O\left(\frac{1}{R\varepsilon}\right)$。

$$\int_{\Omega\setminus B_{2R\varepsilon}(x_0)} |\nabla\phi_\varepsilon|^2 dx = \frac{1}{c^2}\int_{\Omega\setminus B_{2R\varepsilon}(x_0)} |\nabla G|^2 dx。 \quad (4-4-6)$$

注意到式(4 -3 -46)、式(4 -4 -4)、式(4 -4 -5)和式(4 -4 -6),可以得到

$$\int_\Omega |\nabla\phi_\varepsilon|^2 dx = \frac{1}{4\pi c^2}\Big(-2\log\varepsilon + \log\pi + 4\pi A_{x_0} + 4\pi\alpha\|G\|_p^2 +$$

$$O\left(R\varepsilon\log(R\varepsilon)\right) + O\left(\frac{1}{R^2}\right) - 1\Big)。$$

(4 -4 -7)

$$\int_\Omega \phi_\varepsilon^p dx = \frac{1}{c^p}\int_{B_{R\varepsilon}(x_0)}\left(c^2 - \frac{1}{4\pi}\log\left(1+\frac{\pi r^2}{\varepsilon^2}\right) + D\right)^p dx$$

$$+ \frac{1}{c^p}\int_{B_{2R\varepsilon}(x_0)\setminus B_{R\varepsilon}(x_0)}(G-\theta\psi)^p dx + \frac{1}{c^p}\int_{\Omega\setminus B_{2R\varepsilon}(x_0)} G^p dx$$

$$= \frac{1}{c^p}(\|G\|_p^p + o_\varepsilon(1))。$$

所以,

$$\left(\int_\Omega \phi_\varepsilon^p dx\right)^{\frac{2}{p}} = \frac{1}{c^2}(\|G\|_p^2 + o_\varepsilon(1))。 \quad (4-4-8)$$

从而由式(4 -4 -7)和式(4 -4 -8),我们有

$$\|\phi_\varepsilon\|_{\alpha,p}^{\frac{2}{p}} = \frac{1}{4\pi c^2}\left(-2\log\varepsilon + \log\pi - 1 + 4\pi A_{x_0} + O\left(R\varepsilon\log(R\varepsilon)\right) + O\left(\frac{1}{R^2}\right)\right)。$$

令 $\|\phi_\varepsilon\|_{\alpha,p} = 1$,得

$$c^2=\frac{1}{4\pi}\left(-2\log\varepsilon+\log\pi-1+4\pi A_{x_0}+O\left(R\varepsilon\log(R\varepsilon)\right)+O\left(\frac{1}{R^2}\right)\right)。\tag{4-4-9}$$

对比式(4 -4 -3),得到

$$D=\frac{1}{4\pi}+O\left(\frac{1}{R^2}\right)+O(R\varepsilon\log(R\varepsilon))=\frac{1}{4\pi}+O\left(\frac{1}{R^2}\right)。\tag{4-4-10}$$

在 $B_{R\varepsilon}(x_0)$上,结合式(4 -4 -10),我们得到

$$\begin{aligned}4\pi\phi_\varepsilon^2&\geqslant4\pi\left(c+\frac{-\frac{1}{4\pi}\log\left(1+\frac{\pi r^2}{\varepsilon^2}\right)+D}{c}\right)\\&\geqslant4\pi c^2-2\log\left(1+\frac{\pi r^2}{\varepsilon^2}\right)+8\pi D\\&=-2\log\varepsilon+\log\pi+1+4\pi A_{x_0}-2\log\left(1+\frac{\pi r^2}{\varepsilon^2}\right)+O\left(\frac{1}{R^2}\right)。\end{aligned}$$

注意到结果

$$\int_{B_{R\varepsilon}(x_0)}e^{-2\log\varepsilon-2\log\left(1+\frac{\pi r^2}{\varepsilon^2}\right)}dx=1+O\left(\frac{1}{R^2}\right),$$

以及

$$e^{O\left(\frac{1}{R^2}\right)}=1+O\left(\frac{1}{R^2}\right),$$

我们就有

$$\int_{B_{R\varepsilon}(x_0)}e^{4\pi\phi_\varepsilon^2}dx\geqslant\pi e^{1+4\pi A_{x_0}}+O\left(\frac{1}{R^2}\right)。\tag{4-4-11}$$

在 $\Omega\backslash B_{R\varepsilon}(x_0)$上,

$$\int_{\Omega\backslash B_{R\varepsilon}(x_0)}e^{4\pi\phi_\varepsilon^2}dx\geqslant\int_{\Omega\backslash B_{2R\varepsilon}(x_0)}(1+4\pi\phi_\varepsilon^2)dx\geqslant|\Omega|+4\pi\frac{\|G\|_2^2}{c^2}+o\left(\frac{1}{c^2}\right)。\tag{4-4-12}$$

注意到

$$4\pi \frac{\|G\|_2^2}{c^2} + o\left(\frac{1}{c^2}\right) + O\left(\frac{1}{R^2}\right) = 4\pi \frac{\|G\|_2^2}{c^2}(1 + o(1)) > 0,$$

结合式(4－4－11)和式(4－4－12)就证得式(4－4－1)。

§4.5 极值函数存在性结果证明的完成

现在来结束定理 3 的证明。在假设 $c_\varepsilon \to +\infty$的条件下，由式(4－3－38)，有

$$\sup_{u \in W_0^{1,2}(\Omega),\ \|u\|_{\alpha,p} \leqslant 1} \int_\Omega e^{4\pi u^2} dx \leqslant |\Omega| + \pi e^{1+4\pi A_{x_0}}, \quad (4-5-1)$$

再由式(4－4－1)，有

$$\int_\Omega e^{4\pi\phi_\varepsilon^2} dx > |\Omega| + \pi e^{1+4\pi A_{x_0}}。 \quad (4-5-2)$$

显然，

$$\sup_{u \in W_0^{1,2}(\Omega),\ \|u\|_{\alpha,p} \leqslant 1} \int_\Omega e^{4\pi u^2} dx > \int_\Omega e^{4\pi\phi_\varepsilon^2} dx。 \quad (4-5-3)$$

这样，式(4－5－1)、式(4－5－2)、式(4－5－3) 3 个结果就产生了矛盾，从而说明假设 $c_\varepsilon \to +\infty$不成立，也就是说极值函数无界的情形是不会发生的。因此，极值函数只能是一致有界的。这样，我们的证明就回到了 §4.3 情形 1 一致有界的情形，u_0 就是极值函数，从而我们按照这 4 步就完成了定理 3 的整个证明。

符号表

R^n	n 维欧氏空间
Ω	R^n 中的光滑区域
B	R^n 内中心在原点的单位球
B_R	在 R^n 内中心在原点、半径为 R 的球
$C^k(\Omega)$	由 Ω 上 k 次连续可微函数的全体构成的集合
$C^k(\bar{\Omega})$	由 $\bar{\Omega}$ 上 k 次连续可微函数的全体构成的集合（k 是非负整数或者 $k=\infty$）
$\mathrm{supp}u$	u 的支集，$u\neq 0$ 的集合的闭包
$C_0^k(\Omega)$	$C^k(\Omega)$ 中支集为 Ω 的紧子集的函数全体所构成的集合（k 是非负整数或者 $k=\infty$）
$\Vert u\Vert_p$	标准的 L^p 范数，$\Vert u\Vert_p=\left(\int_\Omega \vert u\vert^p \mathrm{d}x\right)^{\frac{1}{p}}$（$p\geqslant 1$）
$L^p(\Omega)$	Ω 上 L^p 范数有界的可测函数构成的集合
$L^\infty(\Omega)$	Ω 上本性有界的可测函数构成的集合
$W_0^{1,n}(\Omega)$	Sobolev 空间，它是 $C_0^\infty(\Omega)$ 在范数 $\Vert u\Vert_{W_0^{1,n}(\Omega)}=\left(\int_\Omega \vert\nabla u\vert^n \mathrm{d}x\right)^{\frac{1}{n}}$ 下的完备空间
ω_{n-1}	R^n 中的单位球面的面积
$\Delta=\sum_{i=1}^{n}\frac{\partial^2}{\partial x_i^2}$	n 维 Laplace 算子
$\nabla=\left(\frac{\partial}{\partial x_1},\frac{\partial}{\partial x_2},\cdots,\frac{\partial}{\partial x_n}\right)$	n 维梯度算子

公式表

$$W_0^{1,p}(\Omega)\alpha\begin{cases}L^q(\Omega),1\leqslant q\leqslant p^*=\dfrac{np}{n-p},p<n\\ C^\alpha(\bar{\Omega}),0<\alpha\leqslant 1-\dfrac{n}{p},p>n\end{cases}\qquad(1-1-1)$$

$$\sup_{u\in W_0^{1,n}(\Omega),\ \|\nabla u\|_n=1}\int_\Omega e^{\gamma|u|^{\frac{n}{n-1}}}dx<+\infty\qquad(1-1-2)$$

$$\sup_{u\in W_0^{1,n}(\Omega),\ \|\nabla u\|_n=1}\int_\Omega e^{\gamma|u|^{\frac{n}{n-1}}}dx\begin{cases}<+\infty,\gamma\leqslant\alpha_n\\ =+\infty,\gamma>\alpha_n\end{cases}\qquad(1-1-3)$$

$$\int_{B_R}f(u^*)dx=\int_\Omega f(u)dx\qquad(1-1-4)$$

$$\int_{B_R}|\nabla u^*|^n dx\leqslant\int_\Omega|\nabla u|^n dx\qquad(1-1-5)$$

$$\sup_{u\in W_0^{1,n}(\Omega),\ \|\nabla u\|_n=1}\int_\Omega e^{\alpha_n|u|^{\frac{n}{n-1}}}dx\qquad(1-1-6)$$

$$\begin{cases} -\Delta u=\lambda u\mathrm{e}^{u^2}, \text{在 } \Omega \text{ 内} \\ u=0, \text{在} \partial\Omega \text{ 上} \\ \lambda=\left(\int_\Omega u^2\mathrm{e}^{u^2}\mathrm{d}x\right)^{-1} \end{cases} \tag{1-1-7}$$

$$\limsup_{\varepsilon\to 0}\int_\Omega \mathrm{e}^{\alpha_n q|u_\varepsilon|^{\frac{n}{n-1}}}\mathrm{d}x<+\infty \tag{1-1-8}$$

$$\sup_{u\in W_0^{1,2}(\Omega),\ \|\nabla u\|_2\leqslant 1}\int_\Omega \mathrm{e}^{4\pi u^2(1+\alpha\|u\|_2^2)}\mathrm{d}x<+\infty \tag{1-1-9}$$

$$\sup_{u\in W_0^{1,n}(\Omega),\ \|\nabla u\|_n\leqslant 1}\int_\Omega \mathrm{e}^{\alpha_n|u|^{\frac{n}{n-1}}(1+\alpha\|u\|_n^n)^{\frac{1}{n-1}}}\mathrm{d}x<+\infty \tag{1-1-10}$$

$$\lambda_p(\Omega)=\inf_{u\in W_0^{1,2}(\Omega),u\neq 0}\frac{\int_\Omega|\nabla u|^2\mathrm{d}x}{\left(\int_\Omega|u|^p\mathrm{d}x\right)^{2/p}} \tag{1-1-11}$$

$$\sup_{u\in W_0^{1,2}(\Omega),\ \|\nabla u\|_2\leqslant 1}\int_\Omega \mathrm{e}^{4\pi u^2(1+\alpha\|u\|_p^2)}\mathrm{d}x<+\infty \tag{1-1-12}$$

$$\sup_{u\in W_0^{1,n}(\Omega),\ \|\nabla u\|_n\leqslant 1}\int_\Omega \mathrm{e}^{\alpha_n|u|^{\frac{n}{n-1}}(1+\alpha\|u\|_p^n)^{\frac{1}{n-1}}}\mathrm{d}x<+\infty \tag{1-1-13}$$

$$\sup_{u\in W_0^{1,2}(\mathrm{B}),\int_{\mathrm{B}}\left(|\nabla u|^2-\frac{u^2}{(1-|x|^2)^2}\right)\mathrm{d}x\leqslant 1}\int_{\mathrm{B}}\mathrm{e}^{4\pi u^2}\mathrm{d}x<+\infty \tag{1-1-14}$$

$$\sup_{u\in C_0^\infty(\Omega),\int_\Omega(|\nabla u|^2-V(x)u^2)\mathrm{d}x\leqslant 1}\int_\Omega \mathrm{e}^{4\pi u^2}\mathrm{d}x<+\infty \tag{1-1-15}$$

$$\sup_{u\in W_0^{1,2}(\Omega),\int_\Omega(|\nabla u|^2-\alpha u^2)\mathrm{d}x\leqslant 1}\int_\Omega \mathrm{e}^{4\pi u^2}\mathrm{d}x \qquad (1-1-16)$$

$$\sup_{u\in W_0^{1,n}(\Omega),\|\nabla u\|_n\leqslant 1}\int_\Omega \frac{\mathrm{e}^{\gamma|u|^{\frac{n}{n-1}}}}{|x|^\beta}\mathrm{d}x < +\infty \qquad (1-1-17)$$

$$\sup_{u\in W_0^{1,2}(\Omega),\|u\|_{W^{1,2}(\Omega)}\leqslant 1}\int_\Omega (\mathrm{e}^{4\pi u^2}-1)\mathrm{d}x < C \qquad (1-1-18)$$

$$\sup_{u\in W_0^{1,n}(\Omega),\|u\|_{W^{1,n}(\Omega)}\leqslant 1}\int_\Omega (\mathrm{e}^{\alpha_n|u|^{\frac{n}{n-1}}}-1)\mathrm{d}x < C \qquad (1-1-19)$$

$$\sup_{u\in W_0^{1,n}(\mathrm{R}^n),\|u\|_{W^{1,n}(\mathrm{R}^n)}\leqslant 1}\int_{\mathrm{R}^n}|u|^\beta\left(\mathrm{e}^{\gamma|u|^{\frac{n}{n-1}}}-\sum_{m=0}^{n-2}\frac{\gamma^m|u|^{\frac{mn}{n-1}}}{m!}\right)\mathrm{d}x$$

(1-1-20)

$$\begin{cases}-\Delta u=\lambda u\mathrm{e}^{u^2},\text{在 }\Omega\text{ 内}\\ u=0,\text{在}\partial\Omega\text{ 上}\end{cases} \qquad (1-1-21)$$

$$\begin{cases}-\Delta u=f(u),\text{在 }\Omega\text{ 内},\\ u=0,\text{在}\partial\Omega\text{ 上。}\end{cases} \qquad (1-1-22)$$

$$\begin{cases}-\Delta_n u=-\mathrm{div}(|\nabla u|^{n-2}\nabla u)=|x|^{-\beta}f(u)u^{n-2},\text{在 }\Omega\text{ 内}\\ u\geqslant 0,\text{在 }\Omega\text{ 上}\\ u\in W_0^{1,n}(\Omega)\end{cases}$$

(1-1-23)

$$\sup_{u\in W_0^{1,n}(\Omega),\ \|\nabla u\|_n\le 1}\int_\Omega \frac{e^{\gamma|u|^{\frac{n}{n-1}}}}{|x|^\beta}dx < +\infty \tag{2-1-1}$$

$$\sup_{u\in W_0^{1,n}(\Omega),\ \|\nabla u\|_n\le 1}\int_\Omega e^{\gamma|u|^{\frac{n}{n-1}}(1+\alpha\|u\|_n^n)^{\frac{1}{n-1}}}dx < +\infty \tag{2-1-2}$$

$$\lambda_\beta(B) = \inf_{u\in W_0^{1,n}(B),u\neq 0}\frac{\int_B |\nabla u|^n dx}{\int_B |x|^{-\beta}|u|^n dx} \tag{2-1-3}$$

$$\sup_{u\in W_0^{1,n}(B),\ \|\nabla u\|_n\le 1}\int_B |x|^{-\beta}e^{\gamma|u|^{\frac{n}{n-1}}(1+\alpha\int_B|x|^{-\beta}|u|^n dx)^{\frac{1}{n-1}}}dx < +\infty \tag{2-1-4}$$

$$-\Delta_n u_0 = \lambda_\beta |x|^{-\beta}u_0^{n-1} \tag{2-2-1}$$

$$\lambda_\beta(B) = \inf_{u\in W_0^{1,n}(B),u\neq 0}\frac{\int_B |\nabla u|^n dx}{\int_B |x|^{-\beta}|u|^n dx} \tag{2-2-2}$$

$$\lambda_\beta(B) = (1-\beta/n)^n\lambda_0(B) \tag{2-2-3}$$

$$\int_B |\nabla u|^n dx = \lambda_0(B) \tag{2-2-4}$$

$$\begin{aligned}\int_B |x|^{-\beta}u^n dx &= \int_0^1 \omega_{n-1}(u(r))^n r^{n-1-\beta}dr\\ &= (1-\beta/n)^{-n}\int_0^1 \omega_{n-1}(v(t))^n t^{n-1}dt\end{aligned}$$

$$= (1-\beta/n)^{-n}\int_B v^n \mathrm{d}x$$
$$= (1-\beta/n)^{-n} \quad (2-2-5)$$

$$\int_B |\nabla u|^n \mathrm{d}x = \int_0^1 \omega_{n-1}|u'(r)|^n r^{n-1}\mathrm{d}r$$
$$= (1-\beta/n)\int_0^1 \omega_{n-1}|v'(r^{1-\beta/n})|^n r^{n-1-\beta}\mathrm{d}r$$
$$= \int_0^1 \omega_{n-1}|v'(t)|^n t^{n-1}\mathrm{d}t$$
$$= \int_B |\nabla v|^n \mathrm{d}x \quad (2-2-6)$$

$$(1-\beta/n)^n \lambda_0(\mathrm{B}) \geqslant \lambda_\beta(\mathrm{B}) \quad (2-2-7)$$

$$(1-\beta/n)^n \lambda_0(\mathrm{B}) \leqslant \lambda_\beta(\mathrm{B}) \quad (2-2-8)$$

$$\int_B |x|^{-\beta} \mathrm{e}^{\gamma u^{\frac{n}{n-1}}\left(1+\alpha\int_B |x|^{-\beta}u^n \mathrm{d}x\right)^{\frac{1}{n-1}}}\mathrm{d}x \leqslant C \quad (2-3-1)$$

$$\int_B |\nabla v|^n \mathrm{d}x \leqslant 1 \quad (2-3-2)$$

$$\int_B |x|^{-\beta} u^n \mathrm{d}x = (1-\beta/n)^{-n}\int_B v^n \mathrm{d}x \quad (2-3-3)$$

$$\int_B |x|^{-\beta} \mathrm{e}^{b\gamma u^{\frac{n}{n-1}}}\mathrm{d}x = \int_0^1 \mathrm{e}^{b\gamma (u(r))^{\frac{n}{n-1}}}\omega_{n-1} r^{n-1-\beta}\mathrm{d}r$$
$$= \frac{n}{n-\beta}\int_0^1 \mathrm{e}^{b\gamma \left(u\left(t^{\frac{n}{n-\beta}}\right)\right)^{\frac{n}{n-1}}}\omega_{n-1} t^{n-1}\mathrm{d}t$$
$$= \frac{n}{n-\beta}\int_0^1 \mathrm{e}^{b\alpha_n (v(t))^{\frac{n}{n-1}}}\omega_{n-1} t^{n-1}\mathrm{d}t$$

$$= \frac{n}{n-\beta}\int_{B} e^{b\alpha_n v^{\frac{n}{n-1}}} dx \qquad (2-3-4)$$

$$b = \left(1 + \frac{\alpha}{(1-\beta/n)^n}\int_{B} v^n dx\right)^{\frac{1}{n-1}}$$

$$\frac{\alpha}{(1-\beta/n)^n} < \frac{\lambda_\beta(B)}{(1-\beta/n)^n} = \lambda_0(B) \qquad (2-3-5)$$

$$\begin{cases} -\Delta_n \phi_0 = \lambda_\beta |x|^{-\beta}\phi_0^{n-1}, \text{在 B 内} \\ \phi_0 \in W_0^{1,n}(B), \|\nabla\phi_0\|_n = 1 \end{cases} \qquad (2-3-6)$$

$$G(x) = \frac{n}{\alpha_n}\log\frac{1}{|x|}, \forall x \in B \qquad (2-3-7)$$

$$\int_{\varepsilon \le |x| \le \delta} |\nabla G|^n dx = \frac{n}{\alpha_n}\log\frac{1}{\varepsilon} - \frac{n}{\alpha_n}\log\frac{1}{\delta} \qquad (2-3-8)$$

$$\begin{aligned} \int_{\varepsilon \le |x| \le \delta} |\nabla \phi_\varepsilon|^n dx &= A^n \int_{\varepsilon \le |x| \le \delta} |\nabla G|^n dx \\ &= 1 - \frac{n t_\varepsilon \phi_0(\delta)}{\left(\frac{n}{\alpha_n}\log\frac{1}{\varepsilon}\right)^{\frac{n-1}{n}}}(1 + o_\varepsilon(1)) \end{aligned} \qquad (2-3-9)$$

$$\begin{aligned} \int_{B\setminus B_{2\delta}} |\nabla \phi_\varepsilon|^n dx &= t_\varepsilon^n \int_{B\setminus B_{2\delta}} |\nabla \phi_0|^n dx \\ &= t_\varepsilon^n \left(1 - \int_{B_{2\delta}} |\nabla\phi_0|^n dx\right) \\ &= t_\varepsilon^n (1 - O(\delta^{n-\beta})) \end{aligned} \qquad (2-3-10)$$

$$\int_B |\nabla\phi_\varepsilon|^n dx = 1 - \frac{nt_\varepsilon\phi_0(\delta)}{\left(\frac{n}{\alpha_n}\log\frac{1}{\varepsilon}\right)^{\frac{n-1}{n}}}(1+o_\varepsilon(1)) + t_\varepsilon^n(1+O(\delta^\theta)) \tag{2-3-11}$$

$$\begin{aligned}&\gamma\,|v_\varepsilon|^{\frac{n}{n-1}}\left(1+\lambda_\beta(B)\int_B |x|^{-\beta}|v_\varepsilon|^n dx\right)^{\frac{1}{n-1}}\\ &\geqslant (n-\beta)\log\frac{1}{\varepsilon} + \frac{n(n-\beta)}{n-1}t_\varepsilon\left(\log\frac{1}{\varepsilon}\right)^{\frac{1}{n}}\phi_0(\delta)(1+o_\varepsilon(1))\\ &+\frac{n-\beta}{n-1}t_\varepsilon^n\log\frac{1}{\varepsilon}(O(\delta^\theta)+O(t_\varepsilon^n))\end{aligned} \tag{2-3-12}$$

$$\sup_{u\in W_0^{1,n}(\Omega),\,\|\nabla u\|_n\leqslant 1}\int_\Omega \frac{e^{\gamma|u|^{\frac{n}{n-1}}}}{|x|^\beta}dx < +\infty \tag{3-1-1}$$

$$\lambda_p(\Omega) = \inf_{u\in W_0^{1,2}(\Omega),\,u\neq 0}\frac{\int_\Omega |\nabla u|^2 dx}{\left(\int_\Omega |u|^p dx\right)^{2/p}} \tag{3-1-2}$$

$$\sup_{u\in W_0^{1,2}(\Omega),\,\|\nabla u\|_2\leqslant 1}\int_\Omega e^{4\pi u^2(1+\alpha\|u\|_p^2)}dx < +\infty \tag{3-1-3}$$

$$\lambda_{p,\beta}(\Omega) = \inf_{u\in W_0^{1,2}(\Omega),\,u\neq 0}\frac{\int_\Omega |\nabla u|^2 dx}{\left(\int_\Omega |x|^{-\beta}|u|^p dx\right)^{2/p}} \tag{3-1-4}$$

$$\|u\|_{p,\beta} = \left(\int_\Omega |x|^{-\beta}|u|^p dx\right)^{\frac{1}{p}} \tag{3-1-5}$$

$$\sup_{u \in W_0^{1,2}(\Omega),\, \|\nabla u\|_2 \leqslant 1} \int_\Omega |x|^{-\beta} e^{\gamma u^2(1+\alpha\|u\|_{p,\beta}^2)} dx < +\infty \tag{3-1-6}$$

$$\begin{cases} -\Delta\phi_0 = \lambda_{p,\beta}|x|^{-\beta}\|\phi_0\|_{p,\beta}^{2-p}\phi_0^{p-1}, \text{在 } \Omega \text{ 内} \\ \|\nabla\phi\|_2 = 1, \phi_0 \geqslant 0, \text{在 } \Omega \text{ 内} \end{cases} \tag{3-2-1}$$

$$u_k \rightharpoonup u_0 (\text{在 } W_0^{1,2}(\Omega) \text{ 中弱收敛}) \tag{3-2-2}$$

$$u_k \to u_0 (\text{在 } L^q(\Omega) \text{ 中强收敛}, \forall q \geqslant 1) \tag{3-2-3}$$

$$\begin{gathered} \int_{B_R} |\nabla u^*|^2 dx \leqslant \int_{B_R} |\nabla u|^2 dx \\ \int_{B_R} |x|^{-\beta}|u|^p dx \leqslant \int_{B_R} |x|^{-\beta} u^{*p} dx \end{gathered} \tag{3-2-4}$$

$$\lambda_{p,\beta}(B_R) = \inf \frac{\int_{B_R} |\nabla u|^2 dx}{\|u\|_{p,\beta}} \tag{3-2-5}$$

$$\|\nabla v\|_{2,B_{R^a}}^2 = \lambda_p(B_{R^a}) \tag{3-2-6}$$

$$\begin{aligned} \|u\|_{p,\beta,B_R}^2 = \left(\int_{B_R} |x|^{-\beta} u^p dx\right)^{\frac{2}{p}} &= \left(\int_0^R 2\pi\, (u(r))^p r^{1-\beta} dr\right)^{\frac{2}{p}} \\ &= a^{-(1+\frac{2}{p})}\left(\int_0^{R^a} 2\pi\, (v(t))^p t dt\right)^{\frac{2}{p}} \\ &= a^{-(1+\frac{2}{p})} \|v\|_{p,B_{R^a}}^2 \\ &= a^{-(1+\frac{2}{p})} \end{aligned} \tag{3-2-7}$$

$$\|\nabla u\|_{2,B_R}^2 = \int_0^R 2\pi r\, |u'(r)|^2 dr$$

$$= \int_0^{R^a} 2\pi\, |v'(t)|^2 t dt$$

$$= \|\nabla v\|_{2,B_{R^a}}^2 \qquad (3-2-8)$$

$$a^{1+\frac{2}{p}} \lambda_p(B_{R^a}) \geqslant \lambda_{p,\beta}(B_R) \qquad (3-2-9)$$

$$a^{1+\frac{2}{p}} \lambda_p(B_{R^a}) \leqslant \lambda_{p,\beta}(B_R) \qquad (3-2-10)$$

$$\int_\Omega |x|^{-\beta} e^{\gamma u^2(1+\alpha\|u\|_{p,\beta,B_R}^2)} dx \leqslant C \qquad (3-3-1)$$

$$\|\nabla v\|_{2,B_{R^a}}^2 \leqslant 1 \qquad (3-3-2)$$

$$\|u\|_{p,\beta,B_R}^2 = a^{-\left(1+\frac{2}{p}\right)} \|v\|_{p,B_{R^a}}^2 \qquad (3-3-3)$$

$$\int_{B_R} |x|^{-\beta} e^{b\gamma u^2} dx = \int_0^R 2\pi e^{b\gamma(u(r))^2} r^{2a-1} dr$$

$$= \frac{1}{a}\int_0^{R^a} e^{4\pi b(v(t))^2} 2\pi t dt$$

$$= \frac{1}{a}\int_{B_{R^a}} e^{4\pi b v^2} dx \qquad (3-3-4)$$

$$\frac{\alpha}{a^{1+\frac{2}{p}}} < \frac{\lambda_{p,\beta}(B_R)}{a^{1+\frac{2}{p}}} = \lambda_p(B_{R^a}) \qquad (3-3-5)$$

$$G(x) = \frac{1}{2\pi}\log\frac{1}{|x|},\ \forall\ |x| \leqslant R \qquad (3-3-6)$$

$$\begin{cases} -\Delta\phi_0 = \lambda_{p,\beta} |x|^{-\beta} \|\phi_0\|_{p,\beta}^{2-p} \phi_0^{p-1}, 在 \mathrm{B}_R 内 \\ \|\nabla\phi\|_2 = 1, \phi_0 \geqslant 0, 在 \mathrm{B}_R 内 \end{cases} \tag{3-3-7}$$

$$\int_{\mathrm{B}_R} |\nabla\phi_\varepsilon|^2 \mathrm{d}x = 1 - \frac{2t_\varepsilon \phi_0(\delta)}{\sqrt{\frac{1}{2\pi}\log\frac{1}{\varepsilon}}}(1 + o_\varepsilon(1)) + t_\varepsilon^2(1 + O(\delta^\theta)) \tag{3-3-8}$$

$$\begin{aligned} &\gamma v_\varepsilon^2 (1 + \lambda_{p,\beta} \|v_\varepsilon\|_{p,\beta}^2) \\ &\geqslant (2-\beta)\log\frac{1}{\varepsilon} + (4-2\beta)\sqrt{2\pi}\, t_\varepsilon \sqrt{\log\frac{1}{\varepsilon}}\phi_0(\delta)(1 + o_\varepsilon(1)) \\ &+ (2-\beta) t_\varepsilon^2 \log\frac{1}{\varepsilon}(O(\delta^\theta) + O(t_\varepsilon^2)) \end{aligned} \tag{3-3-9}$$

$$\sup_{u \in W_0^{1,2}(\Omega), \int_\Omega (|\nabla u|^2 - \alpha u^2)\mathrm{d}x \leqslant 1} \int_\Omega \mathrm{e}^{4\pi u^2} \mathrm{d}x \tag{4-1-1}$$

$$\|u\|_{\alpha,p} = \left(\int_\Omega |\nabla u|^2 \mathrm{d}x - \alpha\left(\int_\Omega |u|^p \mathrm{d}x\right)^{\frac{2}{p}}\right)^{\frac{1}{2}} \tag{4-1-2}$$

$$\lambda_p(\Omega) = \inf_{u \in W_0^{1,2}(\Omega), u \neq 0} \frac{\int_\Omega |\nabla u|^2 \mathrm{d}x}{\left(\int_\Omega |u|^p \mathrm{d}x\right)^{2/p}} \tag{4-1-3}$$

$$\sup_{u \in W_0^{1,2}(\Omega), \|u\|_{\alpha,p} \leqslant 1} \int_\Omega \mathrm{e}^{4\pi u^2} \mathrm{d}x \tag{4-1-4}$$

$$\sup_{u\in W_0^{1,2}(\Omega),\|u\|_{\alpha,p}\leqslant 1}\int_\Omega e^{4\pi u^2}dx\leqslant|\Omega|+\pi e^{1+4\pi A_{x_0}} \qquad (4-1-5)$$

$$\int_\Omega e^{4\pi\phi_\varepsilon^2}dx>|\Omega|+\pi e^{1+4\pi A_{x_0}} \qquad (4-1-6)$$

$$\int_\Omega e^{(4\pi-\varepsilon)u_\varepsilon^2}dx=\sup_{u\in W_0^{1,2}(\Omega),\|u\|_{\alpha,p}\leqslant 1}\int_\Omega e^{(4\pi-\varepsilon)u^2}dx \qquad (4-2-1)$$

$$\|u_k\|_{\alpha,p}\leqslant 1 \qquad (4-2-2)$$

$$\lim_{k\to+\infty}\int_\Omega e^{(4\pi-\varepsilon)u_k^2}dx=\sup_{u\in W_0^{1,2}(\Omega),\|u\|_{\alpha,p}\leqslant 1}\int_\Omega e^{(4\pi-\varepsilon)u^2}dx \qquad (4-2-3)$$

$$u_k\rightharpoonup u_\varepsilon(\text{在 } W_0^{1,2}(\Omega)\text{中弱收敛}) \qquad (4-2-4)$$

$$u_k\to u_\varepsilon(\text{在 } L^s(\Omega)\text{中强收敛}) \qquad (4-2-5)$$

$$u_k\to u_\varepsilon(\text{a. e 在 }\Omega\text{ 内}) \qquad (4-2-6)$$

$$\begin{aligned}0&\leqslant\int_\Omega|\nabla(u_k-u_\varepsilon)|^2dx\\&=\int_\Omega|\nabla u_k|^2dx+\int_\Omega|\nabla u_\varepsilon|^2dx-2\int_\Omega\nabla u_k\nabla u_\varepsilon dx\\&=\int_\Omega|\nabla u_k|^2dx-\int_\Omega|\nabla u_\varepsilon|^2dx+o_k(1)\end{aligned} \qquad (4-2-7)$$

$$\|u_\varepsilon\|_{\alpha,p}^2\leqslant 1 \qquad (4-2-8)$$

$$\begin{aligned}
&\left|\int_{\Omega}\mathrm{e}^{(4\pi-\varepsilon)u_k^2}\mathrm{d}x-\int_{\Omega}\mathrm{e}^{(4\pi-\varepsilon)u_\varepsilon^2}\mathrm{d}x\right| \\
&\quad=\left|\int_{\Omega}\mathrm{e}^{\eta}(4\pi-\varepsilon)(u_k^2-u_\varepsilon^2)\mathrm{d}x\right| \\
&\quad=(4\pi-\varepsilon)\left|\int_{\Omega}\mathrm{e}^{\eta}(u_k+u_\varepsilon)(u_k-u_\varepsilon)\mathrm{d}x\right| \\
&\quad\leqslant(4\pi-\varepsilon)\int_{\Omega}\mathrm{e}^{(4\pi-\varepsilon)(u_k^2+u_\varepsilon^2)}|u_k+u_\varepsilon||u_k-u_\varepsilon|\mathrm{d}x \qquad (4-2-9)
\end{aligned}$$

$$(4\pi-\varepsilon)u_k^2\leqslant\left(4\pi-\frac{\varepsilon}{2}\right)(u_k-u_\varepsilon)^2+\frac{32\pi^2}{\varepsilon}u_\varepsilon^2 \qquad (4-2-10)$$

$$\begin{aligned}
\int_{\Omega}|\nabla(u_k-u_\varepsilon)|^2\mathrm{d}x &\leqslant\|u_k\|_{\alpha,p}^2-\|u_\varepsilon\|_{\alpha,p}^2+o_k(1) \\
&\leqslant\|u_k\|_{\alpha,p}^2+o_k(1) \\
&\leqslant1+o_k(1) \qquad (4-2-11)
\end{aligned}$$

$$(4\pi-\varepsilon)u_k^2\leqslant\left(4\pi-\frac{\varepsilon}{3}\right)\frac{(u_k-u_\varepsilon)^2}{\|\nabla(u_k-u_\varepsilon)\|_2^2}+\frac{32\pi^2}{\varepsilon}u_\varepsilon^2,\ \forall k\geqslant k_0 \qquad (4-2-12)$$

$$\int_{\Omega}\mathrm{e}^{ru_\varepsilon^2}\mathrm{d}x<+\infty,\ \forall r>1 \qquad (4-2-13)$$

$$\int_{\Omega}|u_k+u_\varepsilon|^{p_2}\mathrm{d}x<C,C\text{ 为常数},\ \forall p_2>1 \qquad (4-2-14)$$

$$\int_{\Omega}|u_k-u_\varepsilon|^{p_3}\mathrm{d}x\to0,\ \forall p_3>1 \qquad (4-2-15)$$

$$\int_{\Omega} e^{(4\pi-\varepsilon)u_\varepsilon^2} dx = \lim_{k\to+\infty}\int_{\Omega} e^{(4\pi-\varepsilon)u_k^2} dx \tag{4-2-16}$$

$$\int_{\Omega} e^{(4\pi-\varepsilon)u_\varepsilon^2} dx = |\Omega| \tag{4-2-17}$$

$$\sup_{u\in W_0^{1,2}(\Omega),\,\|u\|_{\alpha,p}\leqslant 1}\int_{\Omega} e^{(4\pi-\varepsilon)u^2} dx > |\Omega| \tag{4-2-18}$$

$$\frac{d}{dt}\bigg|_{t=0}\left[\int_{\Omega} e^{(4\pi-\varepsilon)(u_\varepsilon+t\varphi)^2} dx - \lambda\left(\|u_\varepsilon + t\phi\|_{\alpha,p}^2 - 1\right)\right] = 0 \tag{4-2-19}$$

$$\begin{cases} -\Delta u_\varepsilon - \alpha\|u_\varepsilon\|_p^{2-p}u_\varepsilon^{p-1} = \dfrac{1}{\lambda_\varepsilon}u_\varepsilon e^{(4\pi-\varepsilon)u_\varepsilon^2},\text{在 }\Omega\text{ 内} \\ u_\varepsilon > 0,\text{在 }\Omega\text{ 内} \\ \|u_\varepsilon\|_{\alpha,p}^2 = 1 \\ \lambda_\varepsilon = \int_{\Omega} u_\varepsilon^2 e^{(4\pi-\varepsilon)u_\varepsilon^2} dx \end{cases} \tag{4-2-20}$$

$$\sup_{u\in W_0^{1,2}(\Omega),\,\|u\|_{\alpha,p}\leqslant 1}\int_{\Omega} e^{4\pi u^2} dx \leqslant \lim_{\varepsilon\to 0}\sup_{u\in W_0^{1,2}(\Omega),\,\|u\|_{\alpha,p}\leqslant 1}\int_{\Omega} e^{(4\pi-\varepsilon)u^2} dx \tag{4-2-21}$$

$$\begin{gathered}\sup_{u\in W_0^{1,2}(\Omega),\,\|u\|_{\alpha,p}\leqslant 1}\int_{\Omega} e^{(4\pi-\varepsilon)u^2} dx \leqslant \sup_{u\in W_0^{1,2}(\Omega),\,\|u\|_{\alpha,p}\leqslant 1}\int_{\Omega} e^{4\pi u^2} dx \\ \lim_{\varepsilon\to 0}\sup_{u\in W_0^{1,2}(\Omega),\,\|u\|_{\alpha,p}\leqslant 1}\int_{\Omega} e^{(4\pi-\varepsilon)u^2} dx \leqslant \sup_{u\in W_0^{1,2}(\Omega),\,\|u\|_{\alpha,p}\leqslant 1}\int_{\Omega} e^{4\pi u^2} dx\end{gathered} \tag{4-2-22}$$

$$\lim_{\varepsilon\to0}\sup_{u\in W_0^{1,2}(\Omega),\|u\|_{\alpha,p}\leqslant1}\int_\Omega e^{(4\pi-\varepsilon)u^2}dx=\sup_{u\in W_0^{1,2}(\Omega),\|u\|_{\alpha,p}\leqslant1}\int_\Omega e^{4\pi u^2}dx \tag{4-2-23}$$

$$\lim_{\varepsilon\to0}\int_\Omega e^{(4\pi-\varepsilon)u_\varepsilon^2}dx=\int_\Omega e^{4\pi u_0^2}dx \tag{4-3-1}$$

$$\int_\Omega e^{4\pi u_0^2}dx=\sup_{u\in W_0^{1,2}(\Omega),\|u\|_{\alpha,p}\leqslant1}\int_\Omega e^{4\pi u^2}dx \tag{4-3-2}$$

$$u_\varepsilon\to0(\text{在 } W_0^{1,2}(\Omega)\text{ 中弱收敛}) \tag{4-3-3}$$

$$u_\varepsilon\to0(\text{在 } L^q(\Omega)\text{ 中强收敛}, \forall q\geqslant1) \tag{4-3-4}$$

$$u_\varepsilon\to u_0(\text{在 } W_0^{1,2}(\Omega)\text{ 中弱收敛}) \tag{4-3-5}$$

$$u_\varepsilon\to u_0(\text{在 } L^s(\Omega)\text{ 中强收敛}, s\geqslant1) \tag{4-3-6}$$

$$u_\varepsilon\to u_0(\text{a. e 在 } \Omega\text{ 内}) \tag{4-3-7}$$

$$\begin{aligned}\lambda_\varepsilon&=\int_\Omega u_\varepsilon^2e^{(4\pi-\varepsilon)u_\varepsilon^2}dx=\int_\Omega u_\varepsilon^2e^{\delta u_\varepsilon^2}e^{(4\pi-\varepsilon-\delta)u_\varepsilon^2}dx\\&\leqslant\int_\Omega u_\varepsilon^2e^{\delta c_\varepsilon^2}e^{(4\pi-\varepsilon-\delta)u_\varepsilon^2}dx=e^{\delta c_\varepsilon^2}\int_\Omega u_\varepsilon^2e^{(4\pi-\varepsilon-\delta)u_\varepsilon^2}dx\end{aligned} \tag{4-3-8}$$

$$\begin{aligned}r_\varepsilon^2c_\varepsilon^2&=\lambda_\varepsilon c_\varepsilon^{-2}e^{-(4\pi-\varepsilon)c_\varepsilon^2}c_\varepsilon^2=\lambda_\varepsilon e^{-(4\pi-\varepsilon)c_\varepsilon^2}\\&\leqslant Ce^{-(4\pi-\varepsilon-\delta)c_\varepsilon^2}\to0\quad(\text{当 }\varepsilon\to0)\end{aligned} \tag{4-3-9}$$

$$\psi_\varepsilon(x)=\frac{u_\varepsilon(x_\varepsilon+r_\varepsilon x)}{c_\varepsilon} \qquad (4-3-10)$$

$$\varphi_\varepsilon(x)=c_\varepsilon(u_\varepsilon(x_\varepsilon+r_\varepsilon x)-c_\varepsilon) \qquad (4-3-11)$$

$$-\Delta\psi_\varepsilon=\alpha c_\varepsilon^{p-2}r_\varepsilon^2\ \|u_\varepsilon\|_p^{2-p}\psi_\varepsilon^{p-1}+c_\varepsilon^{-2}\psi_\varepsilon \mathrm{e}^{(4\pi-\varepsilon)(u_\varepsilon^2-c_\varepsilon^2)}\text{,在 }\Omega_\varepsilon\text{ 内} \qquad (4-3-12)$$

$$-\Delta\varphi_\varepsilon=\alpha c_\varepsilon^{p}r_\varepsilon^2\ \|u_\varepsilon\|_p^{2-p}\psi_\varepsilon^{p-1}+\psi_\varepsilon \mathrm{e}^{(4\pi-\varepsilon)\varphi_\varepsilon(\psi_\varepsilon+1)}\text{,在 }\Omega_\varepsilon\text{ 内} \qquad (4-3-13)$$

$$\left(\int_{\mathrm{B}_R(0)}(c_\varepsilon^{p-2}r_\varepsilon^2\ \|u_\varepsilon\|_p^{2-p}\psi_\varepsilon^{p-1})^{\frac{p}{p-1}}\mathrm{d}x\right)^{\frac{p-1}{p}}\to 0\text{(当 }\varepsilon\to 0\text{)} \qquad (4-3-14)$$

$$\begin{cases}-\Delta G=\mathrm{e}^{8\pi\varphi}\text{,在 }\mathrm{R}^2\text{ 内}\\ \varphi(0)=0=\sup\limits_{\mathrm{R}^2}\varphi\\ \int_{\mathrm{R}^2}\mathrm{e}^{8\pi\varphi}\mathrm{d}x\leqslant 1\end{cases} \qquad (4-3-15)$$

$$\lim_{\varepsilon\to 0}\int_\Omega|\nabla u_{\varepsilon,\gamma}|^2\mathrm{d}x=\gamma \qquad (4-3-16)$$

$$\begin{aligned}\int_\Omega|\nabla(u_\varepsilon-\gamma c_\varepsilon)^+|^2\mathrm{d}x&=\int_\Omega\nabla(u_\varepsilon-\gamma c_\varepsilon)^+\cdot\nabla u_\varepsilon\mathrm{d}x\\&=-\int_\Omega(u_\varepsilon-\gamma c_\varepsilon)^+\cdot\Delta u_\varepsilon\mathrm{d}x\\&=\int_\Omega(u_\varepsilon-\gamma c_\varepsilon)^+\cdot\left(\alpha\ \|u_\varepsilon\|_p^{2-p}u_\varepsilon^{p-1}+\frac{1}{\lambda_\varepsilon}u_\varepsilon\mathrm{e}^{(4\pi-\varepsilon)u_\varepsilon^2}\right)\mathrm{d}x\end{aligned}$$

$$\geqslant\int_{B_{Rr_\varepsilon(x_\varepsilon)}}(u_\varepsilon-\gamma c_\varepsilon)\cdot\left(\alpha\|u_\varepsilon\|_p^{2-p}u_\varepsilon^{p-1}+\frac{1}{\lambda_\varepsilon}u_\varepsilon e^{(4\pi-\varepsilon)u_\varepsilon^2}\right)dx$$
$$=\int_{B_{Rr_\varepsilon(x_\varepsilon)}}(u_\varepsilon-\gamma c_\varepsilon)\alpha\|u_\varepsilon\|_p^{2-p}u_\varepsilon^{p-1}dx$$
$$+\int_{B_{Rr_\varepsilon(x_\varepsilon)}}(u_\varepsilon-\gamma c_\varepsilon)\frac{1}{\lambda_\varepsilon}u_\varepsilon e^{(4\pi-\varepsilon)u_\varepsilon^2}dx \tag{4-3-17}$$

$$\begin{aligned}\int_{B_{Rr_\varepsilon(x_\varepsilon)}}(u_\varepsilon-\gamma c_\varepsilon)\alpha\|u_\varepsilon\|_p^{2-p}u_\varepsilon^{p-1}dx &\leqslant\alpha\|u_\varepsilon\|_p^{2-p}\int_{B_{Rr_\varepsilon(x_\varepsilon)}}u_\varepsilon^p dx\\ &\leqslant\alpha\|u_\varepsilon\|_p^{2-p}\int_\Omega u_\varepsilon^p dx\\ &\leqslant\alpha\|u_\varepsilon\|_p^{2}\to 0(\text{当 }\varepsilon\to 0)\end{aligned} \tag{4-3-18}$$

$$\begin{aligned}&\int_{B_{Rr_\varepsilon(x_\varepsilon)}}(u_\varepsilon-\gamma c_\varepsilon)\frac{1}{\lambda_\varepsilon}u_\varepsilon e^{(4\pi-\varepsilon)u_\varepsilon^2}dx\\ &=\frac{1}{\lambda_\varepsilon}\int_{B_{Rr_\varepsilon(x_\varepsilon)}}u_\varepsilon^2 e^{(4\pi-\varepsilon)u_\varepsilon^2}dx-\frac{\gamma}{\lambda_\varepsilon}\int_{B_{Rr_\varepsilon(x_\varepsilon)}}\frac{c_\varepsilon}{u_\varepsilon}u_\varepsilon^2 e^{(4\pi-\varepsilon)u_\varepsilon^2}dx\\ &\to(1-\gamma)\frac{1}{\lambda_\varepsilon}\int_{B_{Rr_\varepsilon(x_\varepsilon)}}u_\varepsilon^2 e^{(4\pi-\varepsilon)u_\varepsilon^2}dx\\ &\to(1-\gamma)\frac{1}{\lambda_\varepsilon}\int_{B_{R(0)}}e^{8\pi\varphi}dx\end{aligned} \tag{4-3-19}$$

$$\begin{aligned}\frac{1}{\lambda_\varepsilon}\int_{B_{Rr_\varepsilon(x_\varepsilon)}}u_\varepsilon^2(y)e^{(4\pi-\varepsilon)u_\varepsilon^2(y)}dy &=\frac{1}{\lambda_\varepsilon}\int_{B_{Rr_\varepsilon(x_\varepsilon)}}u_\varepsilon^2(x_\varepsilon+r_\varepsilon x)e^{(4\pi-\varepsilon)u_\varepsilon^2(x_\varepsilon+r_\varepsilon x)}r_\varepsilon^2 dx\\ &=\int_{B_{R(0)}}\psi_\varepsilon^2(x)e^{(4\pi-\varepsilon)\varphi_\varepsilon(x)\left(\frac{u_\varepsilon(x_\varepsilon+r_\varepsilon x)}{c_\varepsilon}+1\right)}dx\\ &\to\int_{B_{R(0)}}e^{8\pi\varphi}dx(\text{当 }\varepsilon\to 0)\end{aligned} \tag{4-3-20}$$

$$\lim_{R\to+\infty}\liminf_{\varepsilon\to 0}\int_{\Omega}|\nabla(u_{\varepsilon}-\gamma c_{\varepsilon})^{+}|^{2}\mathrm{d}x\geqslant(1-\gamma)\qquad(4-3-21)$$

$$\lim_{\varepsilon\to 0}\inf\int_{\Omega}|\nabla u_{\varepsilon,\gamma}|^{2}\mathrm{d}x\geqslant\gamma\int_{B_{R(0)}}\mathrm{e}^{8\pi\varphi}\mathrm{d}x$$

$$\lim_{R\to+\infty}\lim_{\varepsilon\to 0}\inf\int_{\Omega}|\nabla u_{\varepsilon,\gamma}|^{2}\mathrm{d}x\geqslant\gamma\qquad(4-3-22)$$

$$\int_{\Omega}|\nabla u_{\varepsilon,\gamma}|^{2}\mathrm{d}x+\int_{\Omega}|\nabla(u_{\varepsilon}-\gamma c_{\varepsilon})^{+}|^{2}\mathrm{d}x=\int_{\Omega}|\nabla u_{\varepsilon}|^{2}\mathrm{d}x=1+o_{\varepsilon}(1)$$

$$\lim_{\varepsilon\to 0}\sup\left(\int_{\Omega}|\nabla u_{\varepsilon,\gamma}|^{2}\mathrm{d}x+\int_{\Omega}|\nabla(u_{\varepsilon}-\gamma c_{\varepsilon})^{+}|^{2}\mathrm{d}x\right)=1$$

$$(4-3-23)$$

$$\lim_{\varepsilon\to 0}\int_{\Omega}\mathrm{e}^{(4\pi-\varepsilon)u_{\varepsilon}^{2}}\mathrm{d}x\leqslant|\Omega|+\lim_{R\to+\infty}\lim_{\varepsilon\to 0}\sup\int_{B_{Rr_{\varepsilon}(x_{\varepsilon})}}\mathrm{e}^{(4\pi-\varepsilon)u_{\varepsilon}^{2}}\mathrm{d}x$$

$$(4-3-24)$$

$$\lim_{\varepsilon\to 0}\int_{\Omega}\mathrm{e}^{(4\pi-\varepsilon)u_{\varepsilon}^{2}}\mathrm{d}x\leqslant|\Omega|+\lim_{\varepsilon\to 0}\sup\frac{\lambda_{\varepsilon}}{c_{\varepsilon}^{2}}\qquad(4-3-25)$$

$$\lim_{\varepsilon\to 0}\frac{c_{\varepsilon}}{\lambda_{\varepsilon}}=0\qquad(4-3-26)$$

$$\lim_{\varepsilon\to 0}\int_{\Omega}\phi\frac{1}{\lambda_{\varepsilon}}c_{\varepsilon}u_{\varepsilon}\mathrm{e}^{(4\pi-\varepsilon)u_{\varepsilon}^{2}}\mathrm{d}x=\phi(x_{0})\qquad(4-3-27)$$

$$\|\nabla u\|_{q}\leqslant C\|f\|_{1}\qquad(4-3-28)$$

$$-\Delta(c_\varepsilon u_\varepsilon)=\alpha\ \|c_\varepsilon u_\varepsilon\|_p^{2-p}\ (c_\varepsilon u_\varepsilon)^{p-1}+\frac{1}{\lambda_\varepsilon}c_\varepsilon u_\varepsilon \mathrm{e}^{(4\pi-\varepsilon)u_\varepsilon^2} \tag{4-3-29}$$

$$-\Delta v_\varepsilon=\alpha v_\varepsilon^{p-1}+\frac{1}{\lambda_\varepsilon}\frac{1}{\|c_\varepsilon u_\varepsilon\|_p}c_\varepsilon u_\varepsilon \mathrm{e}^{(4\pi-\varepsilon)u_\varepsilon^2} \tag{4-3-30}$$

$$\int_\Omega \nabla v\ \nabla\phi \mathrm{d}x=\alpha\int_\Omega \phi v^{p-1}\mathrm{d}x \tag{4-3-31}$$

$$\int_\Omega \nabla v\ \nabla\phi \mathrm{d}x=\lambda_p(\Omega)\int_\Omega \phi v^{p-1}\mathrm{d}x \tag{4-3-32}$$

$$\begin{cases}-\Delta G=\alpha\ \|G\|_p^{2-p}G^{p-1}+\delta_{x_0}, \text{在 }\Omega\text{ 内}\\ G=0, \text{在}\partial\Omega\text{ 上}\end{cases} \tag{4-3-33}$$

$$c_\varepsilon u_\varepsilon \to G(\text{在 }W_0^{1,q}(\Omega)\text{ 中弱收敛}) \tag{4-3-34}$$

$$c_\varepsilon u_\varepsilon \to G\left(\text{在 }L^s(\Omega)\text{ 中强收敛}, \forall 1<s\leqslant\frac{2q}{2-q}\right) \tag{4-3-35}$$

$$G=-\frac{1}{2\pi}\log|x-x_0|+A_{x_0}+\psi \tag{4-3-36}$$

$$\lim_{\varepsilon\to 0}\sup\int_{B_\delta(x_0)}(\mathrm{e}^{4\pi v_\varepsilon^2}-1)\mathrm{d}x\leqslant\pi\delta^2\mathrm{e} \tag{4-3-37}$$

$$\sup_{u\in W_0^{1,2}(\Omega),\ \|u\|_{\alpha,p}\leqslant 1}\int_\Omega \mathrm{e}^{4\pi u^2}\mathrm{d}x\leqslant|\Omega|+\pi\mathrm{e}^{1+4\pi A_{x_0}} \tag{4-3-38}$$

$$\lim_{\varepsilon\to 0}\sup\int_{B_{Rr_\varepsilon(x_\varepsilon)}} e^{(4\pi-\varepsilon)u_\varepsilon^2}dx \leqslant \pi e^{1+4\pi A_{x_0}} \tag{4-3-39}$$

$$\int_{B_\delta(x_0)} |\nabla u_\varepsilon|^2 dx = 1 + \alpha\left(\int_\Omega u_\varepsilon^p dx\right)^{\frac{2}{p}} - \int_{\Omega\backslash B_\delta(x_0)} |\nabla u_\varepsilon|^2 dx \tag{4-3-40}$$

$$\left(\int_\Omega u_\varepsilon^p dx\right)^{\frac{2}{p}} = \frac{1}{c_\varepsilon^2}(\|G\|_p^2 + o_\varepsilon(1)) \tag{4-3-41}$$

$$\int_{\Omega\backslash B_\delta(x_0)} |\nabla u_\varepsilon|^2 dx = \frac{1}{c_\varepsilon^2}\left(\int_{\Omega\backslash B_\delta(x_0)} |\nabla G|^2 dx + o_\varepsilon(1)\right) \tag{4-3-42}$$

$$\int_{\Omega\backslash B_\delta(x_0)} (-\Delta G\cdot G)dx = \alpha\|G\|_p^{2-p}\int_{\Omega\backslash B_\delta(x_0)} G^p dx \tag{4-3-43}$$

$$\begin{aligned}\int_{\Omega\backslash B_\delta(x_0)} |\nabla G|^2 dx &= \int_{\Omega\backslash B_\delta(x_0)} (-\Delta G\cdot G)dx + \int_{\partial\Omega\backslash B_\delta(x_0)} G\frac{\partial G}{\partial n}ds \\ &= \alpha\|G\|_p^{2-p}\int_{\Omega\backslash B_\delta(x_0)} G^p dx + \int_{\partial\Omega\backslash B_\delta(x_0)} G\frac{\partial G}{\partial n}ds \\ &= \alpha\|G\|_p^2 + \int_{\partial\Omega\backslash B_\delta(x_0)} G\frac{\partial G}{\partial n}ds - \alpha\int_{B_\delta(x_0)} G^p dx\end{aligned} \tag{4-3-44}$$

$$\int_{\partial\Omega\backslash B_\delta(x_0)} G\frac{\partial G}{\partial n}ds = -\frac{1}{2\pi}\log\delta + A_{x_0} + o_\delta(1) \tag{4-3-45}$$

$$\int_{\Omega\backslash B_\delta(x_0)} |\nabla G|^2 dx = -\frac{1}{2\pi}\log\delta + A_{x_0} + \alpha\|G\|_p^2 + o_\delta(1) \tag{4-3-46}$$

$$\int_{\Omega \backslash B_{\delta}(x_0)} |\nabla u_{\varepsilon}|^2 dx = \frac{1}{c_{\varepsilon}^2}\left(-\frac{1}{2\pi}\log\delta + A_{x_0} + \alpha \|G\|_p^2 + o_{\delta}(1) + o_{\varepsilon}(1)\right)$$

(4－3－47)

$$\limsup_{\varepsilon \to 0} \int_{B_{\delta}(x_0)} (e^{4\pi \frac{\overline{u_\varepsilon}^2}{\sigma_\varepsilon}} - 1) dx \leqslant \pi\delta^2 e \tag{4－3－48}$$

$$\begin{aligned}
\int_{B_{Rr_\varepsilon}(x_\varepsilon)} e^{(4\pi-\varepsilon)u_\varepsilon^2} dx &\leqslant \int_{B_{Rr_\varepsilon}(x_\varepsilon)} e^{4\pi \frac{\overline{u_\varepsilon}^2}{\sigma_\varepsilon} - 2\log\delta + 4\pi A_{x_0} + o(1)} dx \\
&= \delta^{-2} e^{4\pi A_{x_0} + o(1)} \int_{B_{Rr_\varepsilon}(x_\varepsilon)} e^{4\pi \frac{\overline{u_\varepsilon}^2}{\sigma_\varepsilon}} dx \\
&= \delta^{-2} e^{4\pi A_{x_0} + o(1)} \left(\int_{B_{Rr_\varepsilon}(x_\varepsilon)} (e^{4\pi \frac{\overline{u_\varepsilon}^2}{\sigma_\varepsilon}} - 1) dx + o(1)\right) \\
&\leqslant \delta^{-2} e^{4\pi A_{x_0} + o(1)} \int_{B_{\delta}(x_0)} (e^{4\pi \frac{\overline{u_\varepsilon}^2}{\sigma_\varepsilon}} - 1) dx
\end{aligned} \tag{4－3－49}$$

$$\int_{\Omega} e^{4\pi\phi_\varepsilon^2} dx > |\Omega| + \pi e^{1+4\pi A_{x_0}} \tag{4－4－1}$$

$$c + \frac{-\frac{1}{4\pi}\log\left(1 + \frac{\pi(R\varepsilon)^2}{\varepsilon^2}\right) + D}{c} = \frac{G - \theta\psi}{c} \tag{4－4－2}$$

$$\begin{aligned}
c^2 &= \frac{1}{4\pi}\log\pi - \frac{1}{2\pi}\log\varepsilon - D + A_{x_0} + \frac{1}{4\pi}\log\left(1 + \frac{1}{\pi R^2}\right) \\
&= \frac{1}{4\pi}\log\pi - \frac{1}{2\pi}\log\varepsilon - D + A_{x_0} + O\left(\frac{1}{R^2}\right)
\end{aligned} \tag{4－4－3}$$

$$\frac{\pi r^2}{\varepsilon^2} = z\,\frac{1}{4\pi c^2}\int_0^{\pi R^2}\frac{1}{(1+z)^2}z\mathrm{d}z$$

$$= \frac{1}{4\pi c^2}\int_0^{\pi R^2}\left(\frac{1}{1+z} - \frac{1}{(1+z)^2}\right)\mathrm{d}z$$

$$= \frac{1}{4\pi c^2}\left(\log\pi + 2\log R + O\left(\frac{1}{R^2}\right) - 1\right) \qquad (4-4-4)$$

$$\int_{B_{2R\varepsilon}(x_0)\setminus B_{R\varepsilon}(x_0)} |\nabla\phi_\varepsilon|^2\mathrm{d}x = \frac{1}{c^2}\int_{B_{2R\varepsilon}(x_0)\setminus B_{R\varepsilon}(x_0)} |\nabla(G-\theta\psi)|^2\mathrm{d}x$$

$$= \frac{1}{c^2}\int_{B_{2R\varepsilon}(x_0)\setminus B_{R\varepsilon}(x_0)} |\nabla G|^2\mathrm{d}x + o_\varepsilon(1)$$

$$(4-4-5)$$

$$\int_{\Omega\setminus B_{2R\varepsilon}(x_0)} |\nabla\phi_\varepsilon|^2\mathrm{d}x = \frac{1}{c^2}\int_{\Omega\setminus B_{2R\varepsilon}(x_0)} |\nabla G|^2\mathrm{d}x \qquad (4-4-6)$$

$$\int_\Omega |\nabla\phi_\varepsilon|^2\mathrm{d}x = \frac{1}{4\pi c^2}\Big(-2\log\varepsilon + \log\pi + 4\pi A_{x_0} + 4\pi\alpha\,\|G\|_p^2 +$$

$$O\big(R\varepsilon\log(R\varepsilon)\big) + O\left(\frac{1}{R^2}\right) - 1\Big)$$

$$(4-4-7)$$

$$\left(\int_\Omega \phi_\varepsilon^p\mathrm{d}x\right)^{\frac{2}{p}} = \frac{1}{c^2}\left(\|G\|_p^2 + o_\varepsilon(1)\right) \qquad (4-4-8)$$

$$c^2 = \frac{1}{4\pi}\left(-2\log\varepsilon + \log\pi - 1 + 4\pi A_{x_0} + O\big(R\varepsilon\log(R\varepsilon)\big) + O\left(\frac{1}{R^2}\right)\right)$$

$$(4-4-9)$$

$$D = \frac{1}{4\pi} + O\left(\frac{1}{R^2}\right) + O(R\varepsilon\log(R\varepsilon)) = \frac{1}{4\pi} + O\left(\frac{1}{R^2}\right) \quad (4-4-10)$$

$$\int_{B_{R\varepsilon}(x_0)} e^{4\pi\phi_\varepsilon^2}dx \geqslant \pi e^{1+4\pi A_{x_0}} + O\left(\frac{1}{R^2}\right) \quad (4-4-11)$$

$$\int_{\Omega\setminus B_{R\varepsilon}(x_0)} e^{4\pi\phi_\varepsilon^2}dx \geqslant \int_{\Omega\setminus B_{2R\varepsilon}(x_0)} (1+4\pi\phi_\varepsilon^2)dx \geqslant |\Omega| + 4\pi\frac{\|G\|_2^2}{c^2} + o\left(\frac{1}{c^2}\right) \quad (4-4-12)$$

$$\sup_{u\in W_0^{1,2}(\Omega),\|u\|_{\alpha,p}\leqslant 1}\int_\Omega e^{4\pi u^2}dx \leqslant |\Omega| + \pi e^{1+4\pi A_{x_0}} \quad (4-5-1)$$

$$\int_\Omega e^{4\pi\phi_\varepsilon^2}dx > |\Omega| + \pi e^{1+4\pi A_{x_0}} \quad (4-5-2)$$

$$\sup_{u\in W_0^{1,2}(\Omega),\|u\|_{\alpha,p}\leqslant 1}\int_\Omega e^{4\pi u^2}dx > \int_\Omega e^{4\pi\phi_\varepsilon^2}dx \quad (4-5-3)$$

参考文献

[1] Brezis H. Functional analysis, Sobolev spaces and PDEs[M]. Berlin: Springer, 2011.

[2] Gilbarg D, Trudinger N. Elliptic partial differential equations of second order[M]. Berlin: Springer, 2001.

[3] Yudovich V. Some estimates connected with integral operators and with solutions of elliptic equations[J]. Dokl Akad, 1961,2(4): 805 - 808.

[4] Pohozaev S. The Sobolev embedding in the special case $pl = n$, Proceedings of the technical scientific conference on advances of scientific research 1964 - 1965[G]. Mathematics sections, Moscov Energet Inst, Moscow, 1965: 158 - 170.

[5] Peetre J. Espaces d'interpolation et théorème de Soboleff[J]. Ann Inst Fourier (Grenoble), 1966(16): 279 - 317.

[6] Trudinger N. On embeddings into Orlicz spaces and some applications [J]. J Math Mech, 1967(17): 473 - 484.

[7] Moser J. A sharp form of an inequality by N. Trudinger[J]. Indiana Univ Math J, 1970(20): 1077 - 1091.

[8] Hardy G, Littlewood J, Polya G. Inequalities[M]. Cambridge: Cambridge University Press, 1952.

[9] Talenti G. Rearangements and PDE[J]. Lecture Notes in Pure and Applied Mathematics, 1991(129): 211 - 230.

[10] Carleson L, Chang A. On the existence of an extremal function for an inequality of J. Moser[J]. Bull Sci Math, 1986(110): 113 - 127.

[11] Struwe M. Critical points of embeddings of $H_0^{1,n}$ into Orlicz spaces[J]. Annales De L Institut Henri Poincare Non Linear Analysis, 1988(5): 425 - 464.

[12] Flucher M. Extremal functions for Trudinger-Moser inequality in 2 dimensions[J]. Comment Math Helv, 1992(67): 471 - 497.

[13] Lin K. Extremal functions for Moser's inequality[J]. Trans Amer Math Soc, 1996(348): 2663 - 2671.

[14] Cherrier P. Cas d'exception du théorème d'inclusion de Sobolev sur les variétés Riemanniennes et applications [J]. Bull Sci Math, 1981 (105): 235 - 288.

[15] Fontana L. Sharp borderline Sobolev inequalities on compact Riemannian manifolds[J]. Comm Math Helv, 1993(68): 415 - 454.

[16] Li Y. Moser-Trudinger inequality on compact Riemannian manifolds of dimension two[J]. J Partial Differential Equations, 2001(14): 163 - 192.

[17] Li Y. Extremal functions for the Moser-Trudinger inequalities on compact Riemannian manifolds[J]. Sci China Ser A, 2005(48): 618 - 648.

[18] Li Y, Liu P. A Moser-Trudinger inequality on the boundary of a compact Riemann surface[J]. Math Z, 2005(250): 363 - 386.

[19] Lions P. The concentration-compactness principle in the calculus of variation[J]. The Limit Case, Part I. Rev Mat Iberoamericana, 1985 (1): 145 - 201.

[20] Adimurthi, Druet O. Blow-up analysis in dimension 2 and a sharp form

of Trudinger-Moser inequality [J]. Comm Partial Differential Equations, 2005(29): 295 -322.

[21] Yang Y. A sharp form of Moser-Trudinger inequality in high dimension [J]. J Funct Anal, 2006(239): 100 -126.

[22] de Souza M, do O J. A sharp Trudinger-Moser type inequality in R^2 [J]. Trans Amer Math Soc, 2014(366): 4513 -4549.

[23] do O J, de Souza M. A sharp inequality of Trudinger-Moser type and extremal functions in $H^{1,n}(R^n)$ [J]. J Differential Equations, 2015 (258): 4062 -4101.

[24] Lu G, Yang Y. Sharp constant and extremal function for the improved Moser-Trudinger inequality involving L^p norm in two dimension [J]. Discrete Contin Dyn Syst, 2009(25): 963 -979.

[25] Zhu J. Improved Moser-Trudinger inequality involving L^p norm in n dimensions[J]. Adv Nonlinear Stud, 2014(14): 273 -293.

[26] Wang G, Ye D. A Hardy-Moser-Trudinger inequality[J]. Adv Math, 2012(230): 294 -320.

[27] Tintarev C. Trudinger-Moser inequality with remainder terms [J]. J Funct Anal, 2014(266): 55 -66.

[28] Yang Y, Zhu X. An improved Hardy-Trudinger-Moser inequality[J]. Ann Global Anal Geom, 2016(49): 23 -41.

[29] Yang Y. Extremal functions for Trudinger-Moser inequalities of Adimurthi-Druet type in dimension two[J]. J Differential Equations, 2015 (258): 3161 -3193.

[30] Adimurthi, Sandeep K. A singular Moser-Trudinger embedding and its applications[J]. Nonlinear Differ Equ Appl, 2007(13): 585 -603.

[31] Csato G, Roy P. Extremal functions for the singular Moser-Trudinger

inequality in 2 dimensions[J]. Calc Var Partial Differential Equations, 2015(54): 2341 - 2366.

[32] Iula S, Mancini G. Extremal functions for singular Moser-Trudinger embeddings[J]. Nonlinear Anal, 2017(156): 215 - 248.

[33] Yang Y, Zhu X. Blow-up analysis concerning singular Trudinger-Moser inequalities in dimension two[J]. J Funct Anal, 2017(272): 3347 - 3374.

[34] Adams R. A sharp inequality of J. Moser for higher order derivatives [J]. Ann Math, 1998(128): 385 - 398.

[35] Cao D. Nontrivial solutions of semilinear elliptic equations with critical exponent in R^2[J]. Comm Partial Differential Equations, 1992(17): 407 - 435.

[36] do O J. N-Laplacian equations in R^N with critical growth[J]. Abstr Appl Anal, 1997(2): 301 - 315.

[37] Adachi S, Tanaka K. Trudinger type inequalities in R^N and their best exponents[J]. Proc Amer Math Soc, 2000(128): 2051 - 2057.

[38] Ruf B. A sharp Trudinger-Moser type inequality for unbounded domains in R^2[J]. J Funct Anal, 2005(219): 340 - 367.

[39] Li Y, Ruf B. A sharp Trudinger-Moser type inequality for unbounded domains in R^N[J]. Indiana Univ Math J, 2008(57): 451 - 480.

[40] Adimurthi, Yang Y. An interpolation of Hardy inequality and Trudinger-Moser inequality in R^N and its applications[J]. Int Math Res Not, 2010(13): 2394 - 2426.

[41] Li X. Extremal functions for Trudinger-Moser type inequalities in R^N [J]. J Part Diff Equations, 2017(30): 64 - 75.

[42] Calanchi M, Ruf B. Trudinger-Moser type inequalities with logarithmic

weights in dimension N[J]. Nonlinear Anal, 2015(121): 403 -411.

[43] Calanchi M, Terraneo E. Non-radial maximizers for functionals with exponential nonlinearity in R^2 [J]. Adv Nonlinear Stud, 2005 (5): 337 -350.

[44] Cianchi A. Moser-Trudinger inequalities without boundary conditions and isoperimetric problems[J]. Indiana Univ Math J, 2005, 54(3): 669 -705.

[45] de Figueiredo D, do O J, dos Santos E. Trudinger-Moser inequalities involving fast growth and weights with strong vanishing at zero[J]. Proc Amer Math Soc, 2016(144): 3369 -3380.

[46] de Oliveira J, do O J. Trudinger-Moser type inequalities for weighted Sobolev spaces involving fractional dimensions[J]. Proc Amer Math Soc, 2014(142): 2813 - 2828.

[47] de Oliveira J, do O J. Concentration-compactness principle and extremal functions for a sharp Trudinger-Moser inequality[J]. Calc Var Partial Differential Equations, 2015(52): 125 - 163.

[48] do O J, de Souza M, de Medeiros E, et al. An improvement for the Trudinger-Moser inequality and applications[J]. J Differential Equations, 2014(256): 1317 - 1349.

[49] do O J, de Souza M, de Medeiros E, et al. Critical points for a functional involving critical growth of Trudinger-Moser type[J]. Potential Anal, 2015(42): 229 - 246.

[50] do O J, de Souza M. Trudinger-Moser inequality on the whole plane and extremal functions[J]. Commun Contemp Math, 2016, 18(5): 1550054, 32(pages).

[51] do O J, de Oliveira J. Concentration-compactness and extremal prob-

lems for a weighted Trudinger-Moser inequality[J]. Commun. Contemp. Math. 2017, 19(1): 1650003, 26(pages).

[52] Edmunds D, Hudzik H, Krbec M. On weighted critical imbeddings of Sobolev spaces[J]. Math Z, 2011(268): 585 - 592.

[53] Krbec M, Schott T. Embeddings of weighted Sobolev spaces in the borderline case[J]. Real Anal Exchange, 1997(23): 395 - 420.

[54] Adimurthi. Existence of positive solutions of the semilinear Dirichlet problem with critical growth for the n-Laplacian[J]. Annali Della Scuola Normale Superiore Di Pisa Classe Di Scienze, 1990, 17(17): 393 - 413.

[55] de Figueiredo D, Miyagaki O, Ruf B. Elliptic equations in R^2 with nonlinearities in the critical growth range[J]. Calc Var, 1995(3): 139 - 153.

[56] do O J. Semilinear Dirichlet problems for the N-Laplacian in R^N with nonlinearities in the critical growth range[J]. Differential Integral Equations, 1996(9): 967 - 979.

[57] de Figueiredo D, do O J, Ruf B. Elliptic equations and systems with critical Trudinger-Moser inequalities[J]. Discrete and Continuous Dynamical Systems, 2011(30): 455 - 476.

[58] do O J, de Souza M. On a class of singular Trudinger-Moser type inequalities and its applications[J]. Math Nachr, 2011(284): 1754 - 1776.

[59] Yang Y. Existence of positive solutions to quasi-linear elliptic equations with exponential growth in the whole Euclidean space[J]. J Funct Anal, 2012(262): 1679 - 1704.

[60] Yang Y. Trudinger-Moser inequalities on complete noncompact Rieman-

nian manifolds[J]. J Funct Anal, 2012(263): 1894 - 1938.

[61] Adimurthi, Struwe M. Global compactness properties of semilinear elliptic equation with critical exponential growth[J]. J Funct Anal, 2000(175): 125 - 167.

[62] Ding W, Jost J, Li J, et al. The differential equation $-\Delta u = 8\pi - 8\pi h e^{u}$ on a compact Riemann Surface[J]. Asian J Math, 1997(1): 230 - 248.

[63] Tolksdorf P. Regularity for a more general class of quasilinear elliptic equations[J]. J Differential Equations, 1984(51): 126 - 150.

[64] Gidas B, Ni W, Nirenberg L. Symmetry and related properties via the maximum principle[J]. Comm Math Phys, 1979(68): 209 - 243.

[65] Chen W, Li C. Classification of solutions of some nonlinear elliptic equations[J]. Duke Math J, 1991(63): 615 - 622.

[66] Struwe M. Positive solutions of critical semilinear elliptic equations on non-contractible planar domain[J]. J Eur Math Soc, 2000(2): 329 - 388.

[67] 陈亚浙，吴兰成．二阶椭圆型方程与椭圆型方程组[M]. 北京：科学出版社，1991.

[68] 伍卓群，尹景学，王春朋．椭圆与抛物型方程引论[M]. 北京：科学出版社，2015.

作者简介

袁安锋，理学博士，现为北京联合大学基础课教学部教师，主讲高等数学、线性代数、概率论与数理统计等课程。先后荣获北京联合大学教学成果一等奖、二等奖，中青年教师执教能力大赛一等奖，青年教师教学基本功大赛一等奖，北京市第九届青年教师基本功大赛一等奖、最佳教案奖和最佳演示奖，北京高校首届数学微课程教学设计大赛一等奖等多个奖项。曾获北京联合大学优秀教师、北京市师德先锋等荣誉称号。其指导的学生获得北京市大学生数学竞赛一等奖等多个奖项。